Uma abordagem de Óptica Física e Física Moderna para Engenharia Ambiental

Reitor
Targino de Araújo Filho
Vice-Reitor
Pedro Manoel Galetti Junior
Pró-Reitora de Graduação
Emília Freitas de Lima

Secretária de Educação a Distância - SEaD
Aline Maria de Medeiros Rodrigues Reali
Coordenação UAB-UFSCar
Claudia Raimundo Reyes
Daniel Mill
Denise Abreu-e-Lima
Joice Otsuka
Marcia Rozenfeld G. de Oliveira
Sandra Abib

Coordenador do Curso de Engenharia Ambiental
Luiz Márcio Poiani

Conselho Editorial
José Eduardo dos Santos
José Renato Coury
Nivaldo Nale
Paulo Reali Nunes
Oswaldo Mário Serra Truzzi (Presidente)

Secretária Executiva
Fernanda do Nascimento

UAB-UFSCar
Universidade Federal de São Carlos
Rodovia Washington Luís, km 235
13565-905 - São Carlos, SP, Brasil
Telefax (16) 3351-8420
www.uab.ufscar.br
uab@ufscar.br

EdUFSCar
Universidade Federal de São Carlos
Rodovia Washington Luís, km 235
13565-905 - São Carlos, SP, Brasil
Telefax (16) 3351-8137
www.editora.ufscar.br
edufscar@ufscar.br

Hamilton Viana da Silveira
Fernando Andrés Londoño Badillo

Uma abordagem de Óptica Física e Física Moderna para Engenharia Ambiental

São Carlos

EdUFSCar
2011

© 2011, Hamilton Viana da Silveira e Fernando Andrés Londoño Badillo

Concepção Pedagógica
Daniel Mill

Supervisão
Douglas Henrique Perez Pino

Equipe de Revisão Linguística
Ana Luiza Menezes Baldin
Daniela Silva Guanais Costa
Francimeire Leme Coelho
Jorge Ialanji Filholini
Letícia Moreira Clares
Lorena Gobbi Ismael
Luciana Rugoni Sousa
Marcela Luisa Moreti
Paula Sayuri Yanagiwara
Sara Naime Vidal Vital

Equipe de Editoração Eletrônica
Izis Cavalcanti
Rodrigo Rosalis da Silva

Equipe de Ilustração
Eid Buzalaf
Jorge Luís Alves de Oliveira
Priscila Martins de Alexandre

Capa e Projeto Gráfico
Luís Gustavo Sousa Sguissardi

Ficha catalográfica elaborada pelo DePT da Biblioteca Comunitária da UFSCar

S587a	Silveira, Hamilton Viana da. Uma abordagem de óptica física e física moderna para Engenharia Ambiental / Hamilton Viana da Silveira, Fernando Andrés Londoño Badillo. -- São Carlos : EdUFSCar, 2011. 105 p. – (Coleção UAB-UFSCar). ISBN – 978-85-7600-254-3 1. Física moderna. 2. Ondas eletromagnéticas. 3. Óptica física. 4. Física quântica. 5. Física nuclear. I. Título. CDD – 539 (20ª) CDU – 539

Todos os direitos reservados. Nenhuma parte desta obra pode ser reproduzida ou transmitida por qualquer forma e/ou quaisquer meios (eletrônicos ou mecânicos, incluindo fotocópia e gravação) ou arquivada em qualquer sistema de banco de dados sem permissão escrita do titular do direito autoral.

SUMÁRIO

APRESENTAÇÃO 9

UNIDADE 1: Ondas Eletromagnéticas

    1.1 Primeiras palavras 13

    1.2 Problematizando o tema 13

    1.3 O Arco-Íris de Maxwell: o que caracteriza uma
        onda eletromagnética? 13

    1.4 Como descrever qualitativamente uma onda
        eletromagnética? 16

    1.5 Como descrever quantitativamente uma
        onda eletromagnética? 18

    1.6 Exercícios resolvidos e propostos 22

    1.7 Considerações finais 23

    1.8 Estudos complementares 23

UNIDADE 2: Óptica Física

    2.1 Primeiras palavras 27

    2.2 Problematizando o tema 27

    2.3 Interferência de ondas 28

        2.3.1 A natureza ondulatória da luz 28
        2.3.2 A Lei da Refração 29

2.3.3 Interferência construtiva e destrutiva 32
2.3.4 Interferência de luz por duas fontes 34
2.3.5 Intensidade das figuras de interferência 39

2.4 Difração de ondas 42

2.4.1 Difração por uma fenda única 43
2.4.2 Intensidade na difração produzida por uma fenda simples 46
2.4.3 Difração por duas fendas 49
2.4.4 Difração por uma abertura circular 50

2.5 Dispositivos ópticos 51

2.5.1 O *laser* 52
2.5.2 Redes de difração 52
2.5.3 Outras aplicações 53
    2.5.3.1 *Laser* 53
    2.5.3.2 Holografia 53

2.6 Exercícios resolvidos e propostos 53

2.7 Considerações finais 57

2.8 Estudos complementares 57

UNIDADE 3: Fundamentos de Física Quântica

3.1 Primeiras palavras 61

3.2 Problematizando o tema 61

3.3 Breve histórico da teoria atômica 61

3.4 Quanta de energia e fótons 64

3.4.1 Efeito fotoelétrico 65
3.4.2 Efeito Compton 68

3.5 Natureza corpuscular e ondulatória da matéria..............70

3.6 Equação de Schrödinger...................................71

3.7 Aplicações da física quântica.............................74

3.8 Exercícios resolvidos e propostos........................75

3.9 Considerações finais....................................79

3.10 Estudos complementares................................79

UNIDADE 4: Física Nuclear

4.1 Primeiras palavras.....................................83

4.2 Problematizando o tema.................................83

4.3 Propriedades do núcleo..................................83

    4.3.1 O que podemos dizer a respeito da densidade nuclear?........84
    4.3.2 Nuclídeos e isótopos.................................85
    4.3.3 Força nuclear.......................................87

4.4 Estabilidade nuclear e radioatividade......................88

    4.4.1 Decaimento alfa....................................88
    4.4.2 Decaimento beta....................................89
    4.4.3 Decaimento gama...................................90
    4.4.4 Decaimento radioativo...............................90
    4.4.5 Datação radioativa..................................95
    4.4.6 Radiação no lar....................................95

4.5 Efeitos biológicos da radiação...........................96

    4.5.1 Dosimetria das radiações............................97
    4.5.2 Riscos da radiação.................................98

4.5.3 Benefícios da radiação. 98

4.6 Reações nucleares 99

      4.6.1 Energia da reação 99

4.7 Fissão nuclear 100

4.8 Exercícios resolvidos e propostos 101

4.9 Considerações finais 102

4.10 Estudos complementares 102

REFERÊNCIAS BIBLIOGRÁFICAS 103

APRESENTAÇÃO

Este livro está dividido em quatro unidades que abrangem os conceitos indispensáveis para a área de Engenharia.

Na primeira unidade abordaremos as ondas eletromagnéticas, dando uma descrição de como se propagam. Na segunda unidade, discutiremos dois fenômenos importantes da luz: interferência e difração de ondas e suas aplicações. Na terceira unidade estudaremos os fundamentos de física quântica, propiciando um breve histórico da teoria atômica e um conhecimento da natureza corpuscular e ondulatória da matéria. Finalmente, na quarta unidade, abordaremos tópicos importantes da física nuclear e suas aplicações.

Ao finalizar a leitura do livro, o estudante deverá ser capaz de entender e resolver problemas de Física relacionados com os temas abordados no texto.

Por fim, é preciso ter em mente que este material não deve ser considerado como um único texto para abordar os temas tratados. Sugerimos aos leitores que acessem todos os links recomendados e usem as referências indicadas.

UNIDADE 1

Ondas Eletromagnéticas

1.1 Primeiras palavras

Os seres humanos, durante séculos, não haviam encontrado nenhuma resposta de como definir a luz. Com a unificação da eletricidade com o magnetismo em uma única teoria, conhecida como *eletromagnetismo*, descrita pelas equações de Maxwell, é que se chegou à resposta à pergunta: o que é a luz? As equações de Maxwell mostram que um campo magnético variável produz um campo elétrico e que um campo elétrico variável produz um campo magnético. Esses campos $\vec{E}$ e $\vec{B}$ formam a *onda eletromagnética*, que se propaga através do espaço. Como exemplo de onda eletromagnética temos a luz visível emitida por um filamento de uma lâmpada, ondas de rádio e de TV, ondas produzidas por osciladores de micro-ondas para fornos e radares, etc. Nesta Unidade usaremos as equações de Maxwell, que são a base teórica para o entendimento das ondas eletromagnéticas.

1.2 Problematizando o tema

A era da informação, que está em nosso cotidiano, se baseia, quase na sua totalidade, na física das ondas eletromagnéticas. Estamos conectados ao mundo por meio da televisão, telefone e Internet. Há mais de 20 anos, não passava pela cabeça dos mais competentes engenheiros a rede global dos processadores de informação. Naturalmente o desafio deles é fazer uma previsão de como serão as novas formas de interconexão para os próximos 20 anos.

O ponto de partida para os novos desafios é compreender a física básica das ondas eletromagnéticas existentes em formas das mais variadas, com o intuito de desenhar novos equipamentos úteis para o avanço tecnológico.

As equações de Maxwell mostram que um campo magnético variável com o tempo produz um campo elétrico e que um campo elétrico variável com o tempo serve como fonte de campo magnético. Esses campos $\vec{E}$ e $\vec{B}$ formam uma onda eletromagnética, mas também cada um deles forma sua própria onda.

1.3 O Arco-Íris de Maxwell: o que caracteriza uma onda eletromagnética?

As ondas eletromagnéticas não necessitam de meios materiais para se propagar.

As quatro equações básicas do eletromagnetismo são as equações de Maxwell, mas uma de suas grandes contribuições foi mostrar que um raio luminoso é uma onda progressiva de campos elétricos e magnéticos, ou seja, uma onda eletromagnética, e que o estudo da luz visível é um ramo do eletromagnetismo. Essa parte que abordaremos de forma introdutória é uma ponte para o estudo da óptica física.

Até meados do século XIX, a luz visível e as radiações infravermelha e ultravioleta eram as únicas ondas eletromagnéticas conhecidas. Motivado pelas previsões teóricas de Maxwell, Hertz descobriu o que atualmente é conhecido por ondas de rádio e verificou que elas se propagavam com a mesma velocidade que a luz visível.

Hoje conhecemos um largo *espectro* de ondas eletromagnéticas, como mostramos na Figura 1, que foi denominado de Arco-Íris de Maxwell, conforme dito anteriormente. Estamos constantemente sendo banhados por ondas eletromagnéticas de todo esse espectro. As radiações que definem o meio ambiente, onde evoluímos e nos adaptamos, têm o Sol como fonte predominante. Nossos corpos são sensíveis a sinais de rádio e televisão, pois são sensíveis a campos de alta frequência. Podemos também ser atingidos pelas micro-ondas de radares e de sistemas de telefonia celular. Há também as ondas eletromagnéticas oriundas dos motores quentes dos automóveis, das máquinas de raios X, dos relâmpagos, etc. Ondas eletromagnéticas também viajam em sentidos opostos.

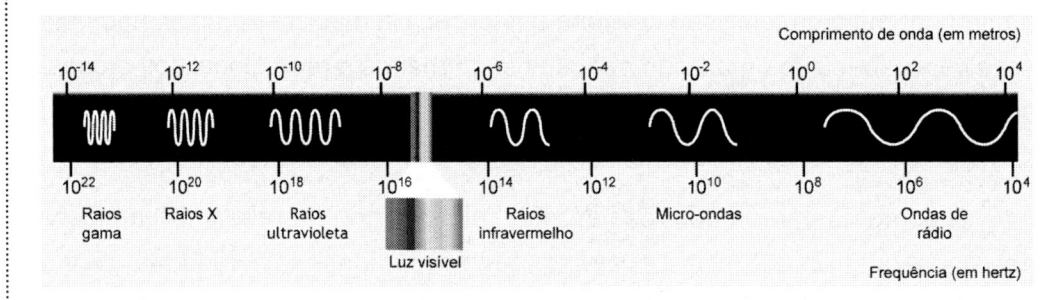

Figura 1 Espectro de ondas eletromagnéticas.

A Figura 1 mostra as escalas de comprimentos de onda e frequências e cada traço corresponde a uma variação dessas grandezas por um fator 10. Podemos observar que as extremidades da escala estão abertas, pois o espectro eletromagnético não tem limites definidos.

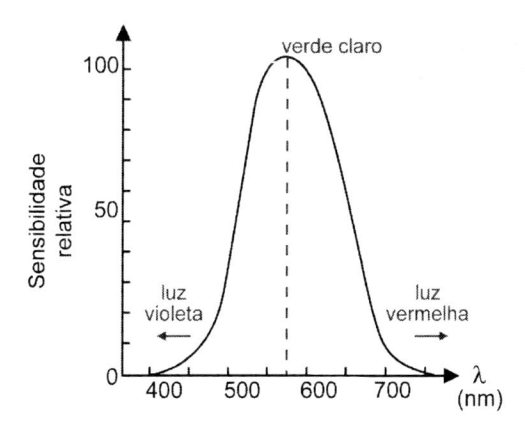

Figura 2 Curva de sensibilidade relativa do olho.

Nossos olhos são sensíveis à radiação eletromagnética com comprimentos de onda de 400 nm até 700 nm, cuja faixa é chamada *luz visível*. Como mostramos na Figura 2, os menores comprimentos de onda da luz visível correspondem à luz violeta e os maiores correspondem à luz vermelha, sendo que todas as cores do arco-íris ficam entre esses extremos. A Figura 2 é conhecida como curva de sensibilidade relativa do olho humano a ondas eletromagnéticas de vários comprimentos de onda. O centro da região visível está na faixa de aproximadamente 555 nm. Uma luz desse comprimento de onda leva a uma sensação de verde claro. A curva de sensibilidade do olho tende, de forma assintótica, para a linha de sensibilidade zero, tanto para pequenos como para grandes comprimentos de onda, mostrando mais uma vez que os limites do espectro visível não são bem definidos.

As diferenças nos comprimentos de onda dos vários tipos de ondas eletromagnéticas apresentam consequências físicas importantes. O comportamento das ondas depende fortemente da relação entre os comprimentos de onda e as dimensões dos objetos ou das aberturas que as ondas encontram. Como os comprimentos da luz estão em uma faixa que varia de aproximadamente 400 nm até 700 nm, correspondente à luz visível, eles são muito menores que a maioria dos obstáculos o que permite a aproximação de raio. O comprimento de onda e a frequência são também importantes na determinação dos tipos de interação entre as ondas eletromagnéticas e a matéria. Como podemos observar na Figura 1, os raios X têm altas frequências e comprimentos de ondas muito pequenos. Eles penetram com muita facilidade em vários materiais opacos para ondas de luz de frequências mais baixas, que são absorvidas por esses materiais. As micro-ondas possuem comprimentos de onda de poucos centímetros e frequências próximas às frequências naturais de ressonância das moléculas de água existentes nos sólidos e líquidos. Por essa razão, as micro-ondas são facilmente absorvidas pelas moléculas de água nos alimentos, que é o mecanismo pelo qual os alimentos são aquecidos nos fornos de micro-ondas.

1.4 Como descrever qualitativamente uma onda eletromagnética?

Para descrever qualitativamente uma onda eletromagnética, tomamos a região do espectro eletromagnético de comprimento de onda $\lambda \approx 1$ m, na qual a fonte de radiação (as ondas emitidas) é macroscópica, porém de dimensões relativamente pequenas.

A Figura 3 ilustra uma forma esquemática de uma fonte desse tipo, ou seja, um sistema utilizado para gerar uma onda eletromagnética na faixa das ondas de rádio de ondas curtas. O componente principal é um oscilador LC, que estabelece uma frequência angular $\omega = \sqrt{LC}$. Nesse circuito as cargas e as correntes variam senoidalmente com essa frequência. Uma fonte de alimentação (uma fonte de corrente alternada, por exemplo) fornece ao circuito a energia necessária para compensar não só as perdas térmicas, mas também a energia transportada pela onda eletromagnética. O oscilador LC está conectado através de um transformador e uma linha de transmissão a uma antena, constituída por dois condutores retilíneos, como mostra a figura. O acoplamento do oscilador LC e do transformador com a linha de transmissão faz com que a corrente que varia senoidalmente no oscilador venha a provocar uma oscilação senoidal das cargas com a frequência angular ω do oscilador LC ao longo dos dois condutores. São essas cargas oscilantes que constituem as correntes que também têm variação senoidal em amplitude e sentido com a frequência angular ω. A antena é equivalente a um dipolo elétrico, cujo momento de dipolo elétrico varia senoidalmente em módulo e sentido com o eixo da antena. O campo elétrico criado pelo dipolo também varia em módulo, direção e sentido. Como a corrente varia, o campo magnético produzido por ela também varia em módulo, direção e sentido. As variações que ocorrem nos campos elétrico e magnético não ocorrem de forma instantânea em toda parte, mas se propagam para longe da antena com a velocidade da luz, c. A composição desses dois campos vetoriais variáveis forma uma onda eletromagnética que se afasta da antena com velocidade c. A frequência angular dessa onda é a mesma do oscilador LC, isto é, $\omega = \sqrt{LC}$.

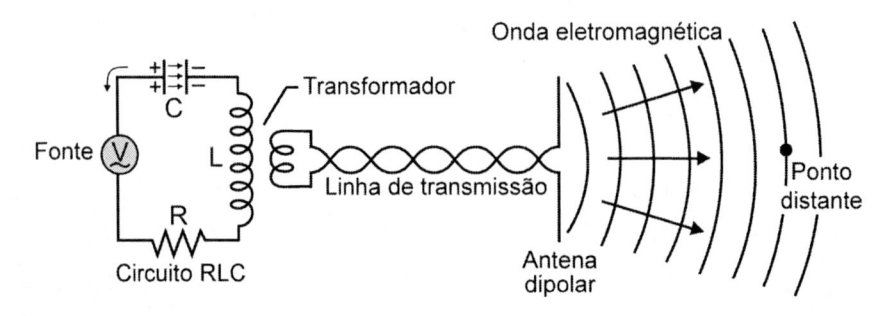

Figura 3 Gerador de ondas eletromagnéticas.

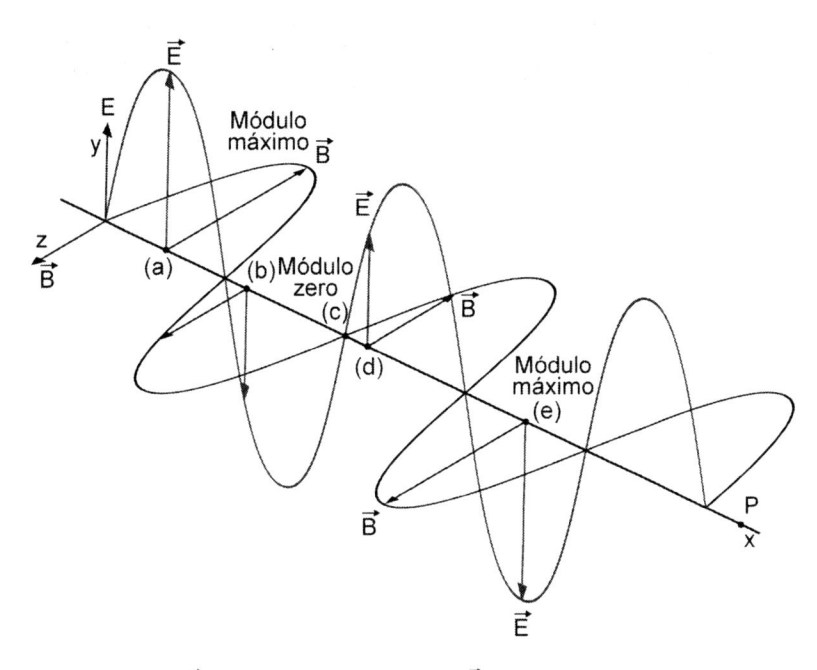

Figura 4 O campo elétrico $\vec{E}$ e o campo magnético $\vec{B}$.

A forma com que o campo elétrico $\vec{E}$ e o campo magnético $\vec{B}$ variam com o tempo quando a onda passa por um ponto distante P da antena da Figura 3 é mostrada em todas as regiões da Figura 4. A onda se propaga para fora do plano do papel. Nessa situação estamos afirmando que se trata de *onda plana* para simplificar a discussão do problema. Independentemente de como a forma da onda foi produzida, várias propriedades importantes da onda eletromagnética podem ser observadas:

1ª) Os campos elétrico e magnético são sempre perpendiculares à direção de propagação da onda. Isso significa que se trata de uma onda transversal.

2ª) Os campos elétrico e magnético são mutuamente perpendiculares.

3ª) O produto vetorial $\vec{E}\times\vec{B}$ aponta no sentido da propagação da onda.

4ª) Os campos elétrico e magnético variam senoidalmente com a mesma frequência e estão em fase.

De acordo com essas propriedades, vamos admitir que a onda eletromagnética esteja propagando em direção ao ponto P no sentido positivo do eixo x e que o campo elétrico da Figura 4 está oscilando paralelamente ao eixo y enquanto o campo magnético oscila paralelamente ao eixo z, em um sistema de coordenadas cartesianas. Isso significa que podemos descrever os referidos campos no sentido de propagação da onda na forma:

$$E = E_m \text{sen}(kx - \omega t) \quad (1.1)$$

$$B = B_m \text{sen}(kx - \omega t) \tag{1.2}$$

em que E_m e B_m representam a amplitude dos campos elétrico e magnético e ω e k são a frequência angular e o número de ondas, respectivamente. Os campos dados pelas equações (1.1) e (1.2) formam a onda eletromagnética, mas cada campo forma sua própria onda. A Equação (1.1) descreve a componente elétrica da onda eletromagnética e a Equação (1.2) descreve a componente magnética.

1.5 Como descrever quantitativamente uma onda eletromagnética?

A Figura 5 mostra quando a onda eletromagnética passa por um dado ponto P do eixo x. O retângulo sombreado de dimensões dx e h pertence ao plano xy e está parado no ponto P. A onda eletromagnética, ao passar pelo retângulo, provoca, de acordo com a Lei de Indução de Faraday, uma variação do fluxo do campo magnético, surgindo, assim, de acordo com essa lei, campos elétricos na região do retângulo. Como o campo elétrico oscila paralelamente ao eixo y, tomaremos como $\vec{E}$ e $\vec{E} + d\vec{E}$ os campos induzidos nos dois lados mais compridos do retângulo. Esses campos representam a componente elétrica da onda eletromagnética.

Usando a lei de indução de Faraday:

$$\oint \vec{E} \cdot d\vec{s} = -\frac{d\phi_B}{dt} \tag{1.3}$$

Quando percorremos o retângulo no sentido anti-horário, o sinal negativo é devido ao campo elétrico induzido por variação do fluxo do campo magnético. Os lados do retângulo paralelos ao eixo x não contribuem para a integral, pois nesses trechos os vetores $\vec{E}$ e $d\vec{s}$ são perpendiculares. Daí a integral tem o seguinte valor:

$$\oint \vec{E} \cdot d\vec{s} = (E + dE)h - Eh = h\,dE \tag{1.4}$$

Já o fluxo que atravessa o retângulo é dado por:

$$\phi_B = (B)(h\,dx) \tag{1.5}$$

Derivando a Equação (1.5) em relação a t, obtemos:

$$\frac{d\phi_B}{dt} = hdx\frac{dB}{dt} \quad (1.6)$$

Substituindo as equações (1.4) e (1.6) na Equação (1.3), temos:

$$hdE = -hdx\frac{dB}{dt}$$

que resulta em:

$$\frac{dE}{dx} = -\frac{dB}{dt} \quad (1.7)$$

Os campos elétrico e magnético são funções das variáveis x e t, sendo o correto escrever a Equação (1.7) em termos de derivadas parciais, na forma:

$$\frac{\partial E}{\partial x} = -\frac{\partial B}{\partial t} \quad (1.8)$$

O lado esquerdo da Equação (1.8) pode ser calculado derivando a Equação (1.1) em relação a x, resultando em:

$$\frac{\partial E}{\partial x} = kE_m \cos(kx - \omega t)$$

Já o lado direito da Equação (1.8) pode ser calculado derivando a Equação (1.2) em relação a t, resultando em:

$$\frac{\partial B}{\partial t} = -\omega B_m \cos(ks - \omega)t$$

Dessa forma, a Equação (1.8) torna-se:

$$kE_m \cos(kx - \omega t) = \omega B_m \cos(kx - \omega t) \quad (1.9)$$

A relação $\frac{\omega}{k}$ é a velocidade de uma onda progressiva, a qual chamamos de c, que é a velocidade da luz no vácuo. Daí podemos escrever a Equação (1.9) como a razão entre as amplitudes:

$$\frac{E_m}{B_m} = c \qquad (1.10)$$

Dividindo a Equação (1.1) pela Equação (1.2) e levando em conta a Equação (1.10), acabamos de descobrir que os módulos dos campos em qualquer instante e em qualquer ponto do espaço são expressos pela relação entre os módulos:

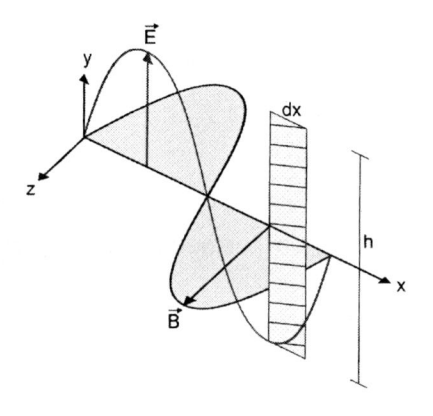

$$\frac{E}{B} = c \qquad (1.11)$$

Figura 5 Propagação de uma onda eletromagnética.

A Figura 6 ilustra outro retângulo tracejado no ponto P, porém no plano xz. Quando a onda eletromagnética passa por esse retângulo, o fluxo do campo elétrico que atravessa o retângulo é que varia, surgindo um campo magnético induzido no interior do retângulo. Essa é a contrapartida da Lei de Faraday, escrita na forma:

$$\oint \vec{B} \cdot d\vec{s} = \mu_0 \varepsilon_0 \frac{d\phi_E}{dt} \qquad (1.12)$$

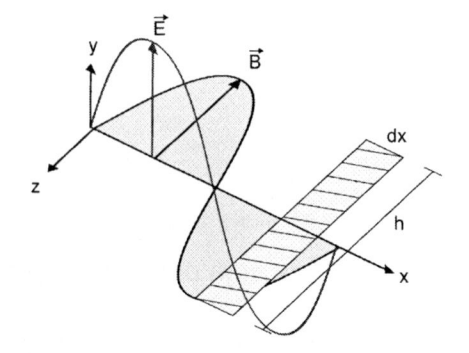

Figura 6 Variação senoidal do campo elétrico.

Percorrendo o retângulo tracejado da Figura 6 no sentido anti-horário, haverá contribuição apenas dos lados mais compridos do retângulo para o valor da integral, resultando em:

$$\oint \vec{B} \cdot d\vec{s} = -(B+dB)h + Bh = -hdB \tag{1.13}$$

O fluxo ϕ_E através do retângulo é:

$$\phi_E = (E)(hdx) \tag{1.14}$$

Ao derivar a Equação (1.14) em relação a t, temos:

$$\frac{d\phi_E}{dt} = hdx\frac{dE}{dt} \tag{1.15}$$

Substituindo as equações (1.13) e (1.15) na Equação (1.12) e usando a notação de derivada parcial, encontramos:

$$-\frac{\partial B}{\partial x} = \mu_0 \varepsilon_0 \frac{\partial E}{\partial t} \tag{1.16}$$

Derivando a Equação (1.1) em relação a t e a Equação (1.2) em relação a x, obtemos:

$$-kB_m \cos(kx - \omega t) = -\mu_0 \varepsilon_0 \omega E_m \cos(kx - \omega t)$$

que pode ser escrita como:

$$\frac{E_m}{B_m} = \frac{1}{\mu_0 \varepsilon_0 \left(\dfrac{\omega}{k}\right)} = \frac{1}{\mu_0 \varepsilon_0 c}$$

Ao combinar essa equação com a Equação (1.10), obtemos a velocidade da onda eletromagnética:

$$c = \frac{1}{\sqrt{\mu_0 \varepsilon_0}} \tag{1.17}$$

O valor da velocidade da onda eletromagnética, ou seja, a velocidade da luz, c, é aproximadamente igual a $3{,}0 \times 10^8 \frac{m}{s}$.

Todas as ondas eletromagnéticas, incluindo a luz visível, se propagam no vácuo com a mesma velocidade, c.

1.6 Exercícios resolvidos e propostos

a) Considere um *laser* de dióxido de carbono que emite ondas eletromagnéticas senoidais propagando-se no vácuo no sentido negativo do eixo x. O campo elétrico é paralelo ao eixo z e o seu módulo máximo é igual a $1{,}5 \frac{MV}{m}$. O comprimento de onda é igual a 10,6 μm. Determine o número de ondas, a frequência angular e a amplitude do campo magnético.

Solução:

O número de ondas é dado por $k = \frac{2\pi}{\lambda}$, então:

$$k = \frac{2\pi}{10{,}6 \times 10^{-6} m} = 5{,}93 \times 10^5 \frac{rad}{m}$$

A frequência angular é:

$$\omega = ck = \left(3{,}0 \times 10^8 \frac{m}{s}\right)\left(5{,}93 \times 10^5 \frac{rad}{m}\right) = 1{,}78 \times 10^{14} \frac{rad}{s}$$

A amplitude do campo magnético é dada por:

$$B_m = \frac{E_m}{c} = \frac{1{,}5 \times 10^6 \frac{V}{m}}{3{,}0 \times 10^8 \frac{m}{s}} = 5{,}0 \times 10^{-3} T$$

b) O raio ultravioleta possui duas categorias. O ultravioleta A (UVA), cujo comprimento de onda varia de 320 m a 400 m, não é prejudicial à saúde de nossa pele, sendo necessário na produção de vitamina D. O ultravioleta B (UVB), cujo comprimento de onda varia de 280 m a 320 m, causa câncer de pele. Determine as faixas de frequência de UVA e UVB e também as faixas de seus números de onda.

c) Considere uma onda eletromagnética senoidal cuja amplitude do campo magnético é de 1,25µT e o comprimento de onda de 432 m se deslocando no sentido positivo do eixo x através do vácuo. Determine a frequência dessa onda e a amplitude do campo magnético associado. Escreva as equações para os campos elétricos e magnéticos em termos de x e t na forma das equações (1.1) e (1.2).

d) Considere uma onda eletromagnética senoidal propagando-se no vácuo no sentido positivo do eixo z. Se o campo elétrico estiver no sentido positivo de x num dado instante e, em um dado ponto do espaço tiver um módulo de $4,0\,\dfrac{V}{m}$, determine o módulo, a direção e o sentido do campo magnético da onda nesse mesmo instante e nesse mesmo ponto.

1.7 Considerações finais

Nesta Unidade descrevemos qualitativa e quantitativamente uma onda eletromagnética tendo como ponto de partida as equações de Maxwell. Os campos elétricos e magnéticos se sustentam mutuamente, formando uma onda eletromagnética que se propaga através do vácuo. Também procuramos fornecer a física básica das ondas eletromagnéticas, o que levará ao entendimento de suas aplicações. Apresentamos a solução de um exercício e propusemos três exercícios referentes ao conteúdo abordado.

1.8 Estudos complementares

Noções de oscilações elétricas e ondas eletromagnéticas. Disponível em: <efisica.if.usp.br/eletricidade/basico/ondas/>.

Propagação de uma onda eletromagnética. Disponível em: <www.physicsclassroom.com/mmedia/waves/em.cfm>.

Radiação eletromagnética. Disponível em: <en.wikipedia.org/wiki/Electromagnetic_radiation>.

UNIDADE 2

Óptica Física

2.1 Primeiras palavras

A Óptica é a área da Física que estuda a propagação e o comportamento da luz. Está dividida em duas subáreas, a Óptica Geométrica e a Óptica Física. A primeira trata a luz como um raio, e a segunda aborda a luz como uma onda, explicando alguns fenômenos como difração, interferência e polarização, que não podem ser explicados ao considerar a luz como um raio. Nesta Unidade serão abordados conceitos referentes à óptica física, como interferência e difração de ondas (por uma e múltiplas fendas). Finalmente serão apresentados alguns dispositivos ópticos importantes em diversas aplicações tecnológicas.

2.2 Problematizando o tema

A compreensão da natureza da luz é um dos principais objetivos da física. Compreender os fenômenos físicos, como interferência, difração e polarização, é de extrema importância, pois permite usar a luz em diversas aplicações tecnológicas. A interferência e a difração são importantes fenômenos que distinguem ondas de partículas. *Interferência é a combinação por superposição de duas ou mais ondas que se encontram em um ponto do espaço*, e quando isso acontece a onda resultante em qualquer ponto em um dado instante é determinada pelo *princípio da superposição*, já apresentado no estudo de ondas em cordas vibrantes. *Difração, por sua vez, é a curvatura da onda em torno de cantos que ocorre quando uma boa parte da frente de onda é interceptada por um obstáculo.*

O fenômeno físico da interferência óptica está presente nas cores da plumagem dos beija-flores e nas asas de alguns insetos, como a borboleta *Morpho*, que tem asas de cor castanho na sua parte inferior, porém na superfície superior o castanho é substituído pelo azul brilhante devido à interferência da luz. A cor também é variável e a asa pode ser vista em vários tons de azul, conforme o ângulo de observação. A difração da luz, ao atravessar uma fenda ou passar por um obstáculo, pode parecer uma questão puramente acadêmica, entretanto muitos cientistas e engenheiros usam o fenômeno de difração como forma de sobrevivência, para o qual existe um número incontável de aplicações. Por exemplo, o item de segurança usado em cartões de crédito, documentos de identificação e cédulas de dinheiro que se baseiam em imagens variáveis segundo o ângulo de incidência da luz. Outra aplicação importante é o uso da difração na pesquisa da estrutura atômica dos sólidos e dos líquidos.

Para entender os fenômenos mencionados, precisamos conhecer bem os fenômenos básicos envolvidos na interferência e difração óptica, o que significa que não usaremos a simplicidade da óptica geométrica (na qual a luz é descrita através de raios luminosos), mas sim abordaremos a natureza ondulatória da luz.

2.3 Interferência de ondas

A interferência de ondas ocorre quando duas ou mais ondas se encontram num ponto do espaço. Para entender como esse fenômeno acontece na luz, é necessário conhecer a natureza ondulatória da luz.

2.3.1 A natureza ondulatória da luz

A primeira proposição convincente da teoria ondulatória da luz foi proposta por Huygens em 1768. Embora a teoria eletromagnética de Maxwell seja bem mais completa e formulada muito depois, a teoria de Huygens era matematicamente bem mais simples e até hoje é utilizada. Veremos como a estrutura da onda resultante pode ser calculada tratando cada ponto sobre a frente de onda original como uma fonte pontual e calculando o padrão de interferência resultante dessas fontes. Essa teoria permite explicar as leis da reflexão e refração em termos de ondas e dar um significado ao índice de refração. Utiliza-se, nessa teoria, uma construção geométrica que prevê onde estará uma frente de onda em qualquer instante futuro se sua posição atual é conhecida. O princípio de Huygens no qual essa construção geométrica é baseada diz que: *todos os pontos de uma frente de onda se comportam como fontes pontuais para ondas secundárias. Após um intervalo de tempo Δt, a nova frente de onda será dada por uma superfície tangente a essas ondas secundárias.* Vamos tomar um exemplo simples de uma onda plana propagando no vácuo, conforme a Figura 7.

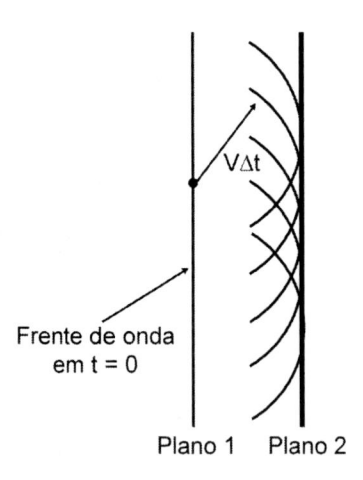

Figura 7 Propagação de uma onda plana.

Nessa figura a localização atual da frente de onda viaja para a direita do espaço livre (vácuo) e é representada pelo plano 1, perpendicular ao *plano do papel*. O próximo passo é verificar onde estará a frente de onda após um tempo Δt.

Para isso, vamos fazer com que vários pontos do plano 1 da Figura 7 funcionem como fontes pontuais de ondas secundárias emitidas no tempo t = 0. Após um intervalo de tempo Δt, o raio dessas ondas esféricas é $c\Delta t$, em que c é a velocidade da luz no vácuo. O plano tangente a essas esferas no instante Δt é o plano 2, que é a frente de onda da onda plana no instante Δt, sendo, ao mesmo tempo, paralelo ao plano 1, estando situado a uma distância $c\Delta t$ desse plano.

2.3.2 A Lei da Refração

Usaremos o princípio de Huygens para deduzir a lei da refração (lei de Snell). A Figura 8 ilustra três estágios sucessivos de refração de frentes de onda em uma interface plana entre dois meios, sendo o meio 1 o ar e o meio 2 o vidro. Para simplificar, não será mostrada na figura a onda refletida.

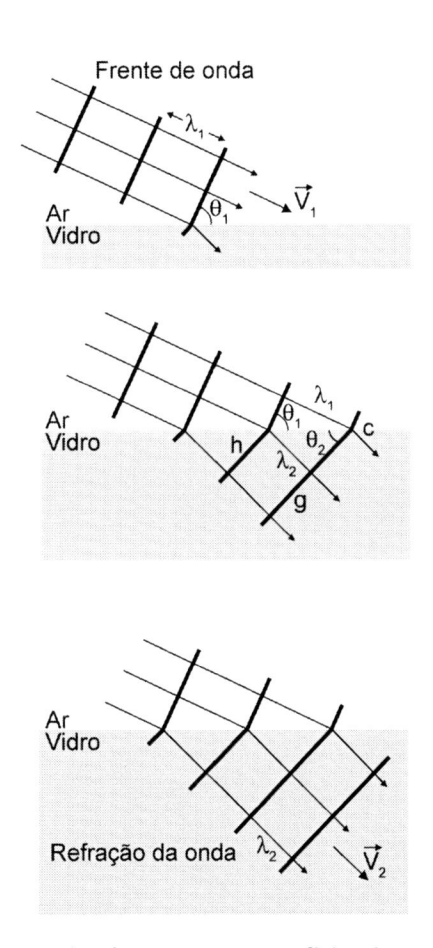

Figura 8 Refração de uma onda plana numa superfície plana.

As frentes de onda do feixe incidente, escolhidas arbitrariamente, estão separadas por uma distância λ_1, que é o comprimento de onda do meio 1. Suponhamos que a velocidade da luz no ar é v_1 e no vidro v_2 e que $v_1 > v_2$ (isso corresponde à realidade). É possível notar que θ_1 é o ângulo entre a frente de onda e a superfície de separação, ou seja, θ_1 é ângulo de incidência (Figura 8). Quando a onda se aproxima do vidro, aparece uma onda secundária de Huygens com a origem no ponto e que vai se expandindo até chegar ao ponto c, a uma distância λ_1 do ponto e. Se dividirmos essa distância pela velocidade da onda secundária, obtemos o tempo necessário para essa expansão, isto é, $\frac{\lambda_1}{v_1}$. Nesse mesmo instante uma onda secundária com origem no ponto h se expande com uma velocidade v_2, sendo $v_2 \neq v_1$, e com comprimento de onda λ_2, sendo $\lambda_2 \neq \lambda_1$. Dessa forma, o intervalo de tempo será $\frac{\lambda_2}{v_2}$. Daí podermos igualar essas razões, obtendo a equação:

$$\frac{\lambda_1}{\lambda_2} = \frac{v_1}{v_2} \tag{2.1}$$

mostrando que os comprimentos de onda da luz nesses dois meios diferentes são proporcionais às velocidades da luz nesses meios.

Com base no princípio de Huygens, a frente da onda refratada deve ser tangente a um arco cujo raio é λ_2 com centro em h, no ponto g. A frente de onda da onda refratada também deve ser tangente a um arco de raio λ_1 com centro em e, no ponto c. A frente da onda refratada tem a orientação mostrada na figura e o ângulo θ_2 é também o ângulo de refração.

Observando os triângulos retângulos hce e hcg na Figura 8, podemos escrever:

$$\mathrm{sen}\,\theta_1 = \frac{\lambda_1}{hc}, \text{ para o triângulo } hce$$

e

$$\mathrm{sen}\,\theta_2 = \frac{\lambda_2}{hc}, \text{ para o triângulo } hcg$$

Podemos então obter:

$$\frac{\mathrm{sen}\,\theta_1}{\mathrm{sen}\,\theta_2} = \frac{\lambda_1}{\lambda_2} = \frac{v_1}{v_2} \tag{2.2}$$

Com isso, é possível definir um *índice de refração* n para cada meio pela razão entre a velocidade da luz no vácuo e a velocidade da luz no meio. Dessa forma,

$$n = \frac{c}{v} \qquad (2.3)$$

Para os dois meios em questão, escrevemos:

$$n_1 = \frac{c}{v_1} \quad e \quad n_2 = \frac{c}{v_2} \qquad (2.4)$$

Usando as equações (2.2) e (2.4), obtemos:

$$\frac{sen\theta_1}{sen\theta_2} = \frac{n_2}{n_1} \qquad (2.5)$$

Ou então:

$$n_1 sen\theta_1 = n_2 sen\theta_2 \qquad (2.6)$$

A Equação (2.6) é conhecida como a lei da refração.

Como podem ser relacionados o índice de refração e o comprimento de onda?

Para responder a essa pergunta, acabamos de ver que o comprimento de onda da luz varia quando há variação na velocidade da luz, quando a luz atravessa a interface entre dois meios distintos. A Equação (2.3) mostra que a velocidade da luz de um meio depende do índice de refração deste meio. Dessa forma, podemos afirmar que o comprimento de onda da luz em qualquer meio dependerá do índice de refração do meio em questão.

Consideremos uma dada luz *monocromática* (luz que possui um único comprimento de onda) que tenha um comprimento de onda λ e velocidade c no vácuo e que tenha um comprimento de onda λ_n e velocidade v em um meio cujo índice de refração é n. Podemos escrever a Equação (2.1) na forma:

$$\lambda_n = \lambda \frac{v}{c} \qquad (2.7)$$

Usando a Equação (2.3) na equação anterior, obtemos:

$$\lambda_n = \frac{\lambda}{n} \qquad (2.8)$$

A Equação (2.8) fornece a relação entre o comprimento de onda da luz em qualquer meio e o comprimento de onda no vácuo. De acordo com essa mesma equação, quanto maior o índice de refração do meio, menor será o comprimento de onda desse meio.

O que podemos falar da frequência? Qual o comportamento dela? Suponha que f_n seja a frequência da luz em um meio cujo índice de refração é n. De acordo com a relação geral, $v = \lambda f$, daí podemos escrever:

$$f_n = \frac{v}{n}$$

Usando as equações (2.3) e (2.8), obtemos:

$$f_n = \frac{\frac{c}{n}}{\frac{\lambda}{n}} = \frac{c}{\lambda} = f$$

em que f é a frequência da luz no vácuo.

Podemos interpretar que *a frequência da luz é a mesma no meio e no vácuo*, embora a velocidade e o comprimento de onda da luz sejam diferentes no meio e no vácuo.

2.3.3 Interferência construtiva e destrutiva

Vamos considerar duas fontes idênticas de ondas monocromáticas, S_1 e S_2, mostradas na Figura 9. As ondas produzidas por essas fontes têm a mesma amplitude e o mesmo comprimento de onda, λ. Essas fontes também estão em fase, o que significa que vibram em sintonia, e poderiam ser produzidas, por exemplo, por dois alto-falantes acionados pelo mesmo amplificador ou fendas em um anteparo iluminado pela mesma fonte de luz monocromática. Como veremos no desenvolvimento do texto, quando não há diferença constante entre as fontes, não ocorre o fenômeno de interferência. Duas fontes monocromáticas com a mesma frequência são coerentes quando a relação de fase entre elas é constante.

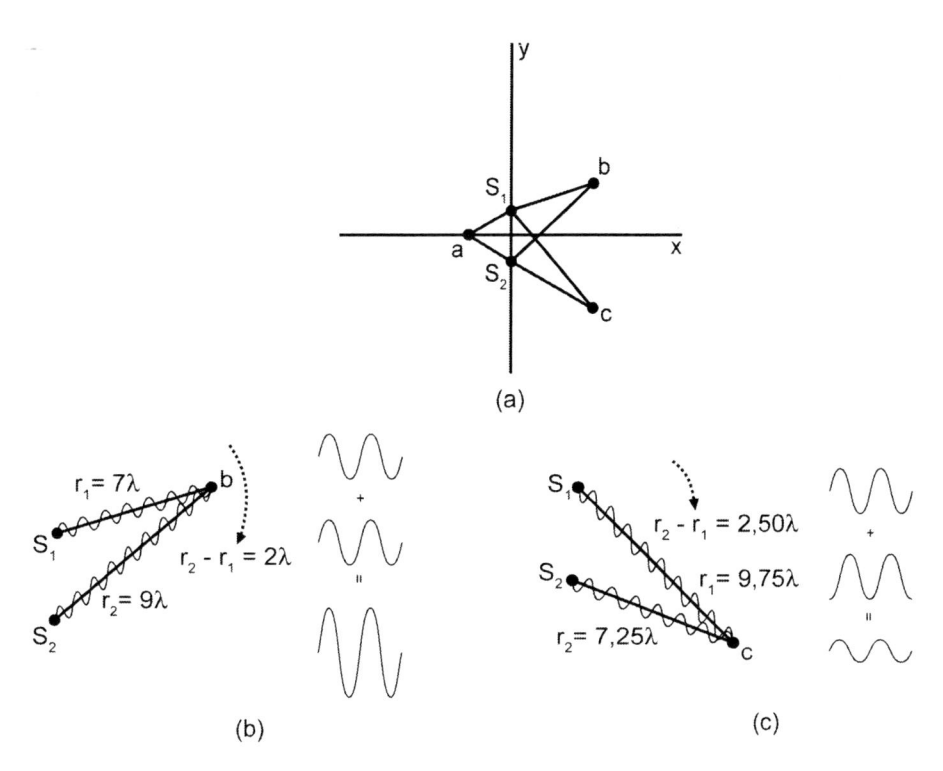

Figura 9 Emissão de ondas monocromáticas por duas fontes, S_1 e S_2.

As ondas emitidas pelas duas fontes são *transversais*, como é o caso das ondas eletromagnéticas. Devemos supor que as perturbações produzidas por essas fontes têm a mesma *polarização* (ondas polarizadas na mesma direção ou paralelamente). Os campos elétricos e magnéticos oscilam em direções perpendiculares entre si, mas a direção de polarização de uma onda eletromagnética sempre será definida como a direção do campo elétrico $\vec{E}$, pelo fato de que quase todos os detectores de ondas eletromagnéticas funcionam pela ação da força elétrica sobre os elétrons do material e não pela força magnética. Voltando à Figura 9, as fontes S_1 e S_2 poderiam ser também duas antenas de rádio formadas por hastes cilíndricas paralelamente ao eixo z, que é perpendicular ao plano da figura. Dessa forma, em qualquer que seja o ponto do plano xy, as ondas produzidas pelas antenas apresentam um campo elétrico $\vec{E}$ com apenas uma componente z. Quando falamos em componente, basta usar apenas uma única função para descrever cada onda.

As fontes S_1 e S_2 com mesma amplitude, mesmo comprimento de onda e mesma polarização são colocadas ao longo do eixo y e equidistantes da origem, conforme Figura 9-a. Se consideramos um ponto *a* sobre o eixo x, podemos notar que devido à simetria, a distância das fontes S_1 e S_2 até o ponto *a* são iguais. Portanto, as fontes levam o mesmo tempo para se deslocar até o ponto *a*. Então, *as ondas* oriundas das duas fontes *estão em fase* e atingem o ponto *a em fase*. Assim, as duas ondas se somam e a amplitude total no ponto *a* será o dobro da amplitude de cada onda individual (*interferência construtiva*).

Da mesma forma, podemos observar que a distância da fonte S_2 até o ponto *b* é de dois comprimentos de onda *maior* que a distância entre a fonte S_1 e o ponto *b*. Significa que uma crista de onda vinda de S_1 atinge o ponto *b* dois ciclos antes que uma crista de onda que a fonte S_2 emite no mesmo instante. Novamente as ondas chegam em fase. Da mesma forma que ocorre no ponto *a*, a amplitude total será a soma das amplitudes das ondas oriundas de S_1 e S_2 (*interferência construtiva*).

Geralmente, quando as ondas oriundas de duas fontes ou mais chegam a um ponto *em fase*, há um reforço mútuo nas ondas individuais, basta observar que a amplitude resultante é a soma de cada amplitude individual. Esse efeito que acabamos de descrever é o que constitui a *interferência construtiva* (Figura 9-b).

Suponhamos um ponto *b* qualquer, sendo r_1 a distância da fonte S_1 até esse mesmo ponto e r_2 a distância da fonte S_2 até *b*. Para haver interferência construtiva no ponto *b*, a diferença de caminho $r_2 - r_1$ para as fontes S_1 e S_2 deverá ser um *múltiplo inteiro* do comprimento de onda λ, ou seja:

$$r_2 - r_1 = m\lambda \quad (m = 0, \pm 1, \pm 2, \ldots) \tag{2.9}$$

A Equação (2.9) refere-se à interferência construtiva com as fontes em fase. Na Figura 9-a, os pontos *a* e *b* satisfazem à Equação (2.9) para m = 0 e m = +2, respectivamente.

Já no ponto *c* da Figura 9-a, a diferença de caminho é $r_2 - r_1 = -2{,}5\,\lambda$, que corresponde a um *semi-inteiro* de comprimento de onda λ. Nesse caso, as ondas oriundas das fontes S_1 e S_2 chegam com uma diferença de fase ao ponto *c* igual a meio ciclo. Significa que uma *crista* de onda chega a um ponto ao mesmo tempo que um *vale* da outra onda, como mostra a Figura 9-c. Nessa situação, a amplitude resultante é a *diferença* das amplitudes das ondas individuais. Quando as ondas individuais tiverem a mesma amplitude, a amplitude resultante é *nula*. Quando ocorre o cancelamento total ou parcial das ondas individuais, temos o que chamamos de *interferência destrutiva*. Podemos descrever a interferência destrutiva da Figura 9-a com as fontes em fase pela expressão:

$$r_2 - r_1 = \left(m + \frac{1}{2}\right)\lambda \quad (m = 0, \pm 1, \pm 2, \ldots) \tag{2.10}$$

2.3.4 Interferência de luz por duas fontes

A imagem de interferência que ocorre entre duas *fontes de luz* não é visível com facilidade, pois quando a luz está se propagando em um meio uniforme, não podemos ver a figura (exemplo: os raios solares que podem ser observados quando há uma penetração de um feixe de luz por uma janela são produzidos pelo espalhamento de poeira que existe no ar).

O cientista inglês Thomas Young realizou um dos primeiros experimentos que revelou a interferência da luz produzida por duas fontes.[1]

Consideremos a Figura 10, com uma vista lateral das fontes S_1 e S_2 e de uma tela, de modo que a onda oriunda dessas fontes sempre em fase torna S_1 e S_2 fontes coerentes. A interferência produzida por essas fontes no espaço são semelhantes àquelas que ocorrem no lado direito da figura. Para que possamos ter uma visualização da figura de interferência, a tela é colocada de forma que as ondas oriundas das fontes S_1 e S_2 possam incidir sobre ela. A tela terá uma iluminação mais forte no ponto P, onde as ondas luminosas oriundas das fendas S_1 e S_2 interferem construtivamente, ficando escuras nos pontos em que há interferência destrutiva.

---

[1] Disponível em: <http://www.cdcc.sc.usp.br/ondulatoria/difr3.html>.

(a) Interferência causada por duas fendas

(b) Geometria real

(c) Geometria aproximada

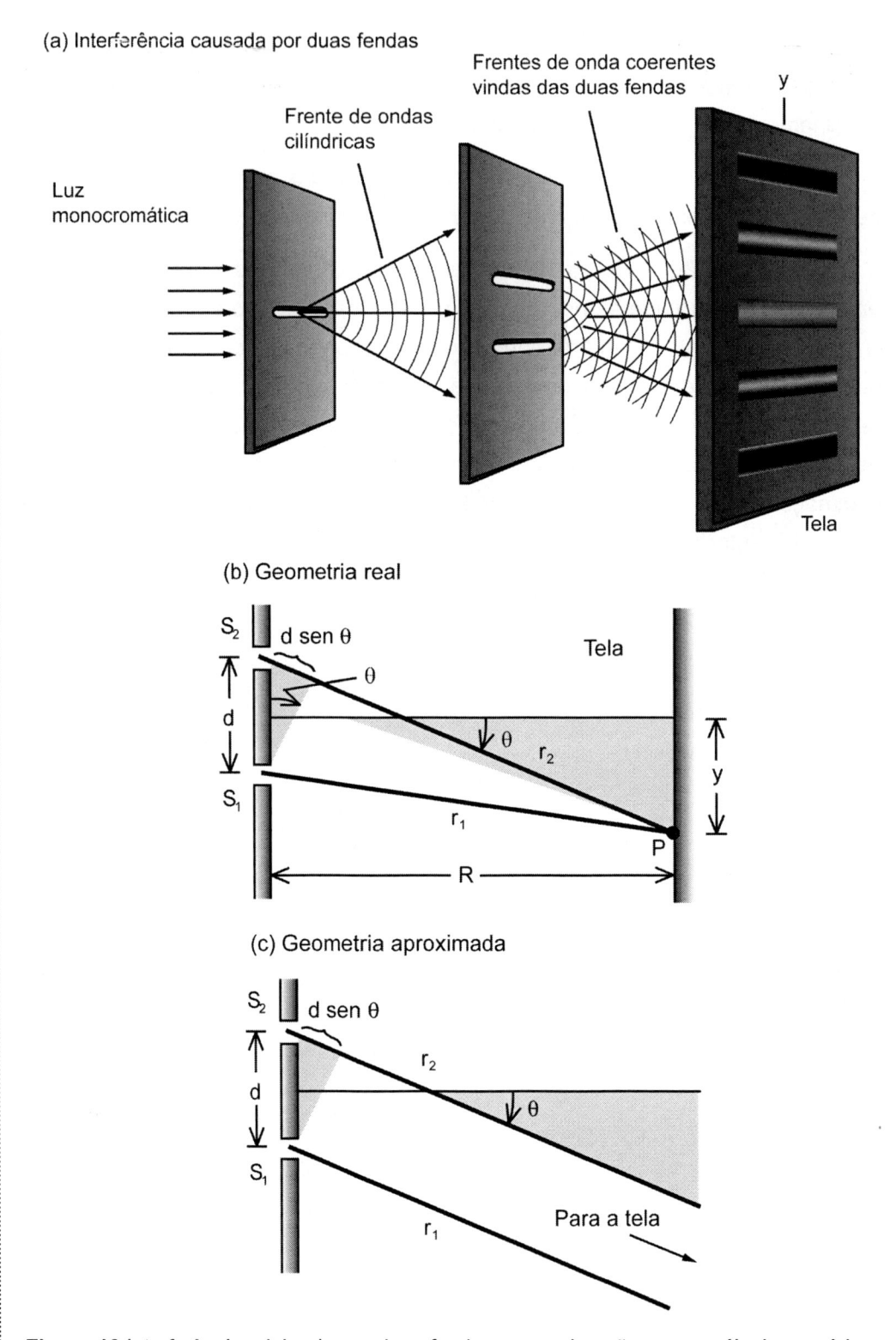

Figura 10 Interferência originada por duas fendas e aproximação para o cálculo numérico.

Para simplificar nossa análise, vamos considerar a distância R entre o plano das fendas e da tela muito maior do que a distância d entre as fendas (R >> d).

Com essa hipótese, r_1 é quase paralelo a r_2, conforme indica a Figura 10-b (uma geometria aproximada). Essa aproximação pode ser tomada como verdadeira, pois nas experiências realizadas com a luz, a distância entre as fendas é da ordem de alguns milímetros, enquanto normalmente a distância entre a tela e as fendas é da ordem de um metro. Portanto, a diferença de caminho é dada por

$$r_2 - r_1 = d\,\text{sen}\,\theta \tag{2.11}$$

em que θ é ângulo entre r_2, traçado a partir da fenda S_2, e a direção normal ao plano das fendas (Figura 10-b).

Como ocorre a interferência construtiva e destrutiva produzida por duas fendas?

Vimos que a interferência construtiva que corresponde ao reforço das ondas ocorre nos pontos em que a diferença de caminho $d\,\text{sen}\,\theta$ é um número inteiro de comprimentos de onda, $m\lambda$, em que $m = 0, \pm 1, \pm 2, \pm 3, \ldots$ Portanto, as regiões brilhantes sobre a tela estarão ocorrendo nos ângulos θ, nos quais:

$$d\,\text{sen}\,\theta = m\lambda \quad (m = 0, \pm 1, \pm 2, \ldots) \tag{2.12}$$

A Equação (2.12) refere-se à interferência construtiva produzida por fenda dupla. Analogamente a interferência destrutiva que surge com o cancelamento das ondas individuais, com a formação de regiões escuras sobre a tela, ocorre nos pontos em que a diferença de caminho é igual a $\left(m + \dfrac{1}{2}\right)\lambda$. Dessa forma, escrevemos para interferência destrutiva produzida por fenda duplwa:

$$d\,\text{sen}\,\theta = \left(m + \frac{1}{2}\right)\lambda \quad (m = 0, \pm 1, \pm 2, \ldots) \tag{2.13}$$

A figura de interferência formada na tela indicada nas figuras 10-a e 10-b corresponde a uma sucessão de faixas claras e escuras, denominadas *franjas de interferências*, as quais se distribuem paralelamente à direção das fendas S_1 e S_2. A Figura 11 nos dá uma visualização dessas franjas, em que no centro da figura de interferência temos uma franja brilhante que corresponde ao valor de $m = 0$ na Equação (2.11). Nesse caso, a distância entre o centro da tela e as duas fendas é a mesma.

Para obtermos uma expressão que localiza as posições dos centros das franjas brilhantes (interferência construtiva) sobre a tela (Figura 10-b), medimos y a partir do centro da Figura 11. Vamos supor que y_m seja a distância a partir do centro da figura de interferência ($\theta_m = 0$) ao centro da franja brilhante de ordem m e seja θ_m o valor correspondente do ângulo θ. Podemos escrever:

$$y_m = R tg\theta_m \tag{2.14}$$

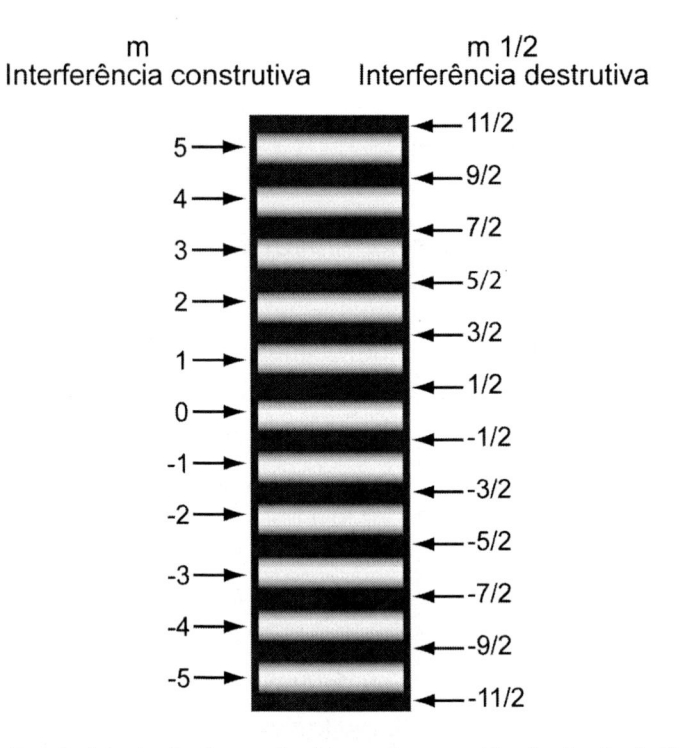

Figura 11 Franjas de interferência produzidas pela experiência de dupla fenda de Young.

Nas situações de experimentos ora em discussão, as distâncias y_m normalmente são bem menores que a distância R entre as fendas e a tela, isto é, $y_m < R$. Nessa situação, o ângulo θ_m é muito pequeno, de modo que a tangente e o seno se confundem, isto é, $tg\theta_m \approx sen\theta_m$. Daí

$$y_m = R sen\theta_m \tag{2.15}$$

Usando a Equação (2.15) com θ_m no lugar de θ na Equação (2.12), obtemos a seguinte equação *apenas para ângulos pequenos*:

$$y_m = R \frac{m\lambda}{d} \tag{2.16}$$

A Equação (2.16) refere-se à interferência construtiva no experimento de Young. Os parâmetros R e d são possíveis de serem medidos, bem como as posições y_m das franjas brilhantes. Essa experiência proporciona uma medida direta do comprimento de onda λ. O experimento de Young foi pioneiro em medida direta do comprimento de onda da luz.

Observe na Equação (2.16) que a distância entre duas franjas brilhantes vizinhas na figura de interferência é *inversamente* proporcional à distância d entre as fendas.

Os resultados fornecidos pelas equações (2.12) e (2.13) são válidos para *qualquer* tipo de onda, contanto que a onda resultante da superposição das ondas seja observada em um ponto muito distante se comparado com a distância d entre as fontes coerentes.

2.3.5 Intensidade das figuras de interferência

Para determinar a intensidade em *qualquer* ponto sobre a tela, precisamos somar no ponto *P* os dois campos oriundos das fontes S_1 e S_2 que variam senoidalmente, levando-se em conta a diferença de fase das duas ondas no ponto em consideração, que resulta da diferença de caminho. A intensidade é proporcional ao quadrado da amplitude do campo elétrico resultante.

Para calcularmos a intensidade, suponhamos que os campos possuam a mesma amplitude E e que os campos elétricos $\vec{E}$ sejam paralelos a uma mesma direção, ou seja, tenham a mesma polarização. Se as duas fontes estão em fase, as ondas que chegam ao ponto *P* apresentam uma diferença de fase proporcional à diferença de caminho $r_2 - r_1$. Seja φ a diferença de fase entre essas ondas, escrevemos as seguintes expressões para os dois campos elétricos que se superpõem no ponto *P*:

$$E_1(t) = E\cos(\omega t + \varphi) \tag{2.17}$$

$$E_2(t) = E\cos\omega t \tag{2.18}$$

Quando tivermos a superposição dos dois campos no ponto *P*, teremos uma função senoidal com amplitude E_P, a qual depende de E e também da diferença de fase φ. Em primeiro lugar, iremos calcular a diferença de fase quando E e φ forem conhecidos. Em seguida, calcularemos a intensidade I da onda resultante, que é proporcional ao quadrado da amplitude E_P. Finalmente vamos relacionar a diferença de fase φ com a diferença de caminho $r_2 - r_1$, que é dada pela geometria da situação que estamos considerando.

Para somar as duas funções senoidais dadas pelas equações (2.17) e (2.18), usaremos a representação dos *fasores* (vetores que giram), cujas projeções sobre o eixo horizontal em qualquer instante representam o valor instantâneo da função senoidal.

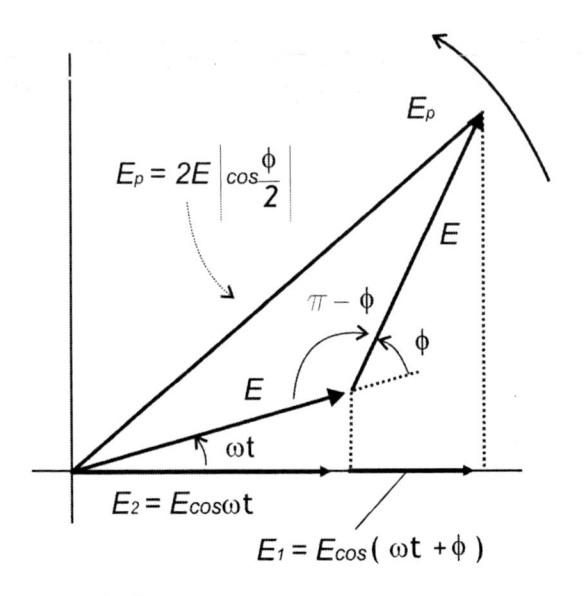

Figura 12 Representação de fasores.

Observe a Figura 12, E_1 é a componente horizontal do fasor que representa a onda emitida pela fonte S_1, e E_2 é a componente horizontal que representa a onda emitida pela fonte S_2. Ambos os fasores têm o mesmo módulo E, conforme o diagrama da Figura 12. O campo E_1 está *adiantado* de um ângulo de fase igual a φ em relação ao campo E_2. Os dois fasores estão girando em sentido anti-horário com a mesma velocidade angular ω. A soma das projeções sobre o eixo horizontal em qualquer instante nos dá o valor instantâneo do campo elétrico resultante no ponto P. Dessa forma, a amplitude E_P da onda resultante nesse ponto é o módulo do vetor resultante, que fornece a *soma vetorial* dos outros dois fasores. Usando a lei dos cossenos, obtemos:

$$E_P^2 = E^2 + E^2 - 2E^2 \cos(\pi - \varphi)$$

Como $\cos(\pi - \varphi) = -\cos\varphi$, então:

$$E_P^2 = 2E^2(1 + \cos\varphi) \tag{2.19}$$

Usando a identidade $1 + \cos\varphi = 2\cos^2\left(\dfrac{\varphi}{2}\right)$, obtemos:

$$E_P^2 = 4E^2 \cos^2\left(\dfrac{\varphi}{2}\right) \tag{2.20}$$

Podemos então escrever a amplitude na interferência de duas fontes E_P como:

$$E_P = 2E\left|\cos\frac{\varphi}{2}\right| \tag{2.21}$$

Observe na Equação (2.21) que quando duas ondas estão em fase, $\varphi = 0$ e $E_P = 2E$. Quando as ondas estão defasadas de meio ciclo, $\pi\,\text{rad} = 180°$, $\cos\frac{\varphi}{2} = 0$ e $E_P = 0$.

Portanto, podemos concluir que a superposição de duas ondas senoidais com a mesma amplitude e a mesma frequência, mas com uma diferença de fase, resulta em uma onda senoidal com uma amplitude que varia desde zero até um valor máximo igual ao dobro da amplitude de cada onda, dependendo da diferença de fase.

As ondas que estamos combinando na Figura 12, ambas com amplitude E, têm uma intensidade I_0, que é proporcional a E^2, e onda resultante de amplitude E_P, com amplitude I, que é proporcional a E_P^2. Assim,

$$\frac{I}{I_0} = \frac{E_P^2}{E^2} \tag{2.22}$$

Substituindo a Equação (2.20) na Equação (2.22), obtemos a expressão da intensidade I dada por:

$$I = 4I_0 \cos^2\frac{\varphi}{2} \tag{2.23}$$

Finalmente, resta relacionar a diferença de fase φ com a diferença de caminho $r_2 - r_1$, entre os dois campos no ponto P, usando a geometria que ora acabamos de considerar. Quando a diferença de fase é igual a um ciclo, temos $\varphi = 2\pi\,\text{rad} = 360°$. Quando a diferença de caminho é igual a meio comprimento de onda $\left(\frac{\lambda}{2}\right)$, $\varphi = \pi\,\text{rad} = 180°$, e assim por diante. Isso sugere que a razão entre a diferença de fase φ e 2π é igual à razão entre a diferença de caminho $r_2 - r_1$ e λ. Portanto, podemos escrever:

$$\frac{\varphi}{2\pi} = \frac{r_2 - r_1}{\lambda} \tag{2.24}$$

Da Equação (2.11), $r_2 - r_1 = d\,\text{sen}\,\theta$. Substituindo na Equação (2.24), obtemos:

$$\varphi = \frac{2\pi d}{\lambda}\text{sen}\,\theta \qquad (2.25)$$

Observando a Equação (2.23), as direções em que ocorrem intensidades *máximas* são obtidas quando $\cos\theta = \pm 1$, isto é, quando:

$$\frac{\pi d}{\lambda}\text{sen}\,\theta = m\pi \quad (m = 0, \pm 1, \pm 2, \ldots)$$

Ou seja:

$$d\,\text{sen}\,\theta = m\lambda$$

resultado que concorda com a Equação (2.12).

2.4 Difração de ondas

A difração é um fenômeno que se produz quando as ondas (mecânicas, eletromagnéticas ou associadas às partículas) encontram em seu caminho um obstáculo ou uma abertura cujas dimensões são comparáveis ao seu próprio comprimento de onda e que se manifesta contornando um canto (ou obstáculo) ou produzindo divergência a partir da abertura. Neste item abordaremos a difração de ondas eletromagnéticas, considerando a difração, em termos gerais, como todo desvio dos raios luminosos que não pode ser explicado nem pela reflexão nem pela refração. A difração é um fenômeno ondulatório que não pode ser explicado pela ótica geométrica (a qual é só uma aproximação). Um exemplo de difração é mostrado na Figura 13, que foi obtida usando luz monocromática a partir de uma fonte puntiforme (um buraco de agulha). Podemos observar uma ampliação da borda da lâmina que contém regiões claras e escuras devidas ao fenômeno de difração.

A difração é um fenômeno que prejudica a visualização no microscópio de objetos muito pequenos. Isso acontece quando o tamanho do objeto é similar ao comprimento de onda da luz usada, nesse caso a difração embaçará a imagem produzida. Se o objeto for menor que o comprimento de onda da luz, não se consegue ver qualquer estrutura. Nenhum grau de ampliação será capaz de eliminar esse limite fundamental imposto pela difração.

Lâmina de barbear iluminada por luz monocromática a partir de uma fonte puntiforme.

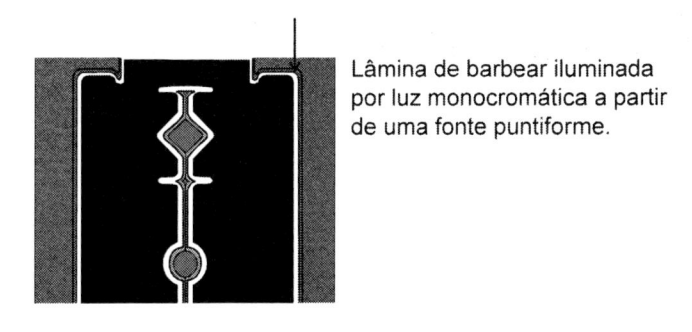

Figura 13 Difração causada por uma lâmina de barbear.

2.4.1 Difração por uma fenda única

Estudaremos agora a figura produzida por ondas luminosas planas (feixe colimado) de luz monocromática ao serem difratadas por uma fenda estreita e comprida, como pode ser observado na Figura 14. Segundo o previsto pela óptica geométrica, o feixe transmitido deve ter a mesma forma da fenda, como pode ser observado na Figura 15, não obstante o que acontece é observado na Figura 14.

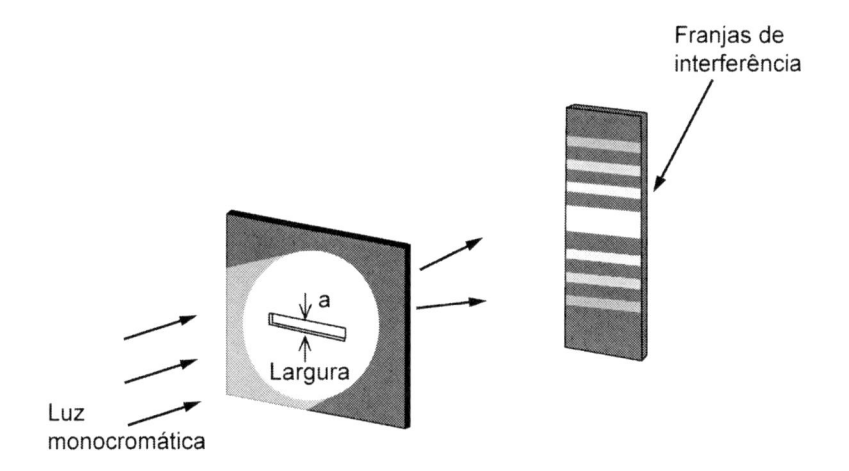

Figura 14 Franja de interferência ocasionada por uma fenda.

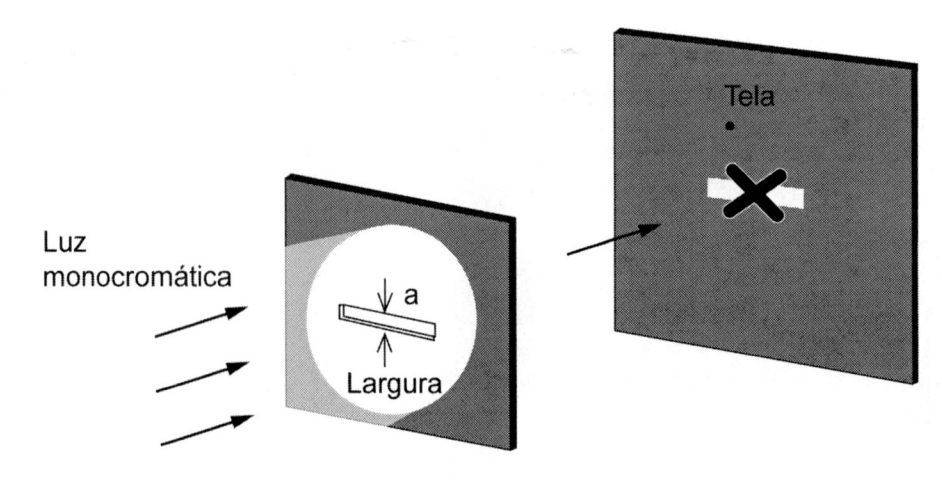

Figura 15 Franja de interferência prevista pela óptica geométrica.

Na Figura 14 podemos observar que as ondas provenientes da fenda sofrem interferência e produzem uma série de franjas claras e escuras (máximos e mínimos de interferência). Curiosamente, observamos que as intensidades das franjas diminuem quando elas se afastam do centro. Em torno de 85% da potência do feixe transmitido está concentrada na faixa central, cuja largura é inversamente proporcional à largura da fenda.

Para determinar a posição das franjas escuras, dividimos em pares todos os raios que passam pela fenda da Figura 16. Estabelecemos condições para que as ondas secundárias associadas aos raios de cada par se cancelem mutuamente. Sendo assim, podemos calcular a posição da primeira franja escura (ponto P_1) dividindo a fenda em duas regiões da mesma largura $\frac{a}{2}$. Logo, estendemos até P_1 um raio luminoso r_1 proveniente da extremidade superior da região de cima e outro raio luminoso r_2 proveniente da extremidade superior da região de baixo. Podemos observar que a posição do ponto P_1 é também definida através do ângulo θ entre a reta que liga o centro da fenda ao ponto P_1 e o eixo central. Ao saírem da fenda, as ondas secundárias associadas aos raios r_1 e r_2 estão em fase porque pertencem à mesma frente de onda, mas para produzirem a primeira franja escura estas devem estar defasadas $\lambda/2$ ao chegarem ao ponto P_1.

Essa diferença de fase pode ser determinada pela diferença entre as distâncias percorridas, a qual é maior para o raio r_2. Para achar essa diferença, tomamos um ponto b sobre o raio r_2, em que a distância de b a P_1 seja igual à distância total percorrida pelo raio r_1. Assim, a diferença entre as distâncias percorridas pelos dois raios será igual à distância entre o ponto b e o centro da fenda.

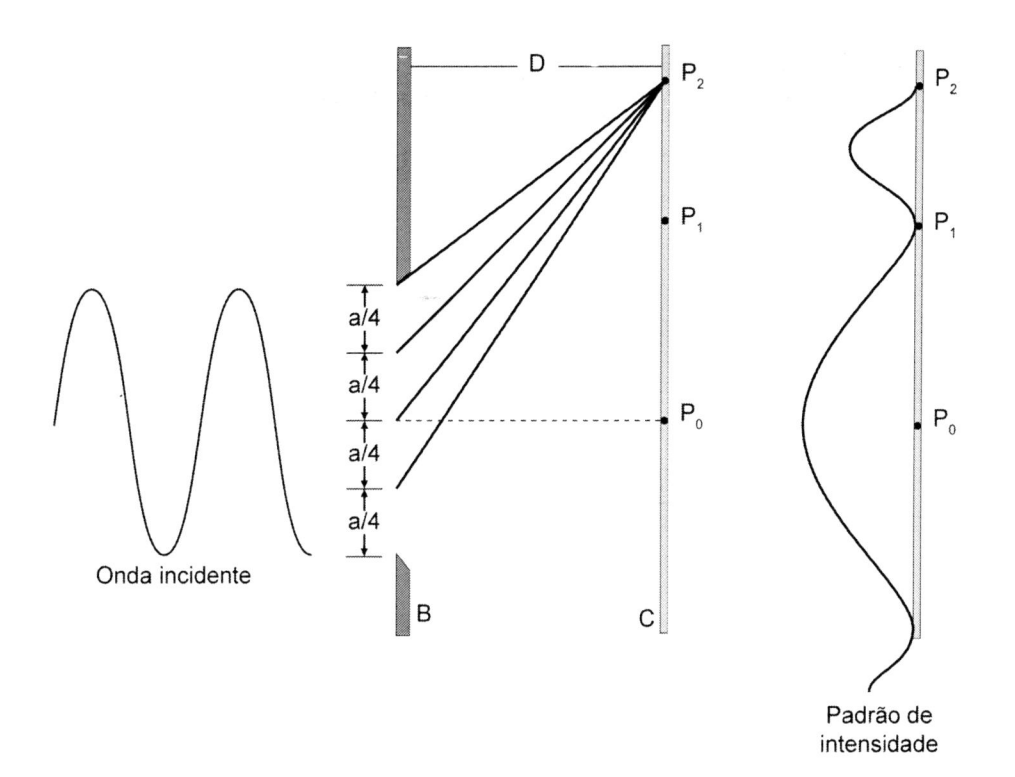

Figura 16 Difração por uma fenda (análise quantitativa).

Para facilitar o cálculo matemático, podemos presumir que a distância D entre a tela B e a tela C é muito maior que a largura *a* da fenda. Assim, podemos supor que r_1 e r_2 são aproximadamente paralelos, portanto a Figura 17, a partir de agora, é válida.

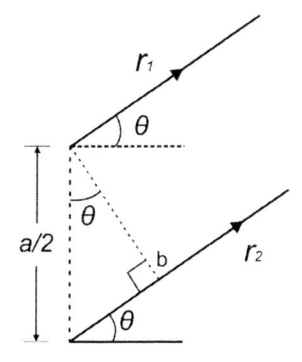

Figura 17 Diferença de percurso entre os raios r_1 e r_2 para o caso de difração por uma fenda.

Nessa figura podemos calcular a diferença de percurso usando relações trigonométricas simples, sendo essa diferença igual a:

$$\frac{a}{2}\mathrm{sen}\theta \qquad (2.26)$$

A condição para que exista, no ponto P_1, a primeira franja escura é fazer a diferença de percurso igual $\lambda/2$, assim:

$$\frac{a}{2}\sen\theta = \pm\frac{\lambda}{2} \rightarrow a\sen\theta = \pm\lambda \qquad (2.27)$$

O sinal ($\pm$) significa que existem franjas escuras simétricas acima e abaixo do ponto P_0.

IMPORTANTE: Partindo da condição que $a > \lambda$ e fazendo a fenda cada vez mais estreita, mantendo o comprimento de onda constante, o ângulo para o qual aparece a primeira franja escura será cada vez maior (a difração é maior para fendas mais estreitas).

Para determinar a posição da segunda, terceira, quarta, e assim sucessivamente, franjas escuras, dividimos a tela em quatro, seis, oito, e assim por diante, partes. Aplicamos o raciocínio anterior chegando à expressão:

$$a\sen\theta = m\lambda \quad (m = 1, 2, 3, ...) \text{ (mínimos de franjas escuras)} \qquad (2.28)$$

2.4.2 Intensidade na difração produzida por uma fenda simples

A Figura 18 mostra os gráficos de intensidade de luz difratada por três fendas com larguras diferentes, $a = \lambda$, $a = 5\lambda$ e $a = 10\lambda$. Podemos observar que quando a largura da fenda aumenta, a largura do máximo central diminui, ou seja, os raios luminosos são menos espalhados pela fenda. Se a largura da fenda é muito maior que o comprimento de onda do feixe incidente, o fenômeno não pode ser considerado como difração por uma fenda, embora ainda seja possível observar a difração produzida separadamente pelas duas bordas da fenda, como acontece no caso da lâmina de barbear.

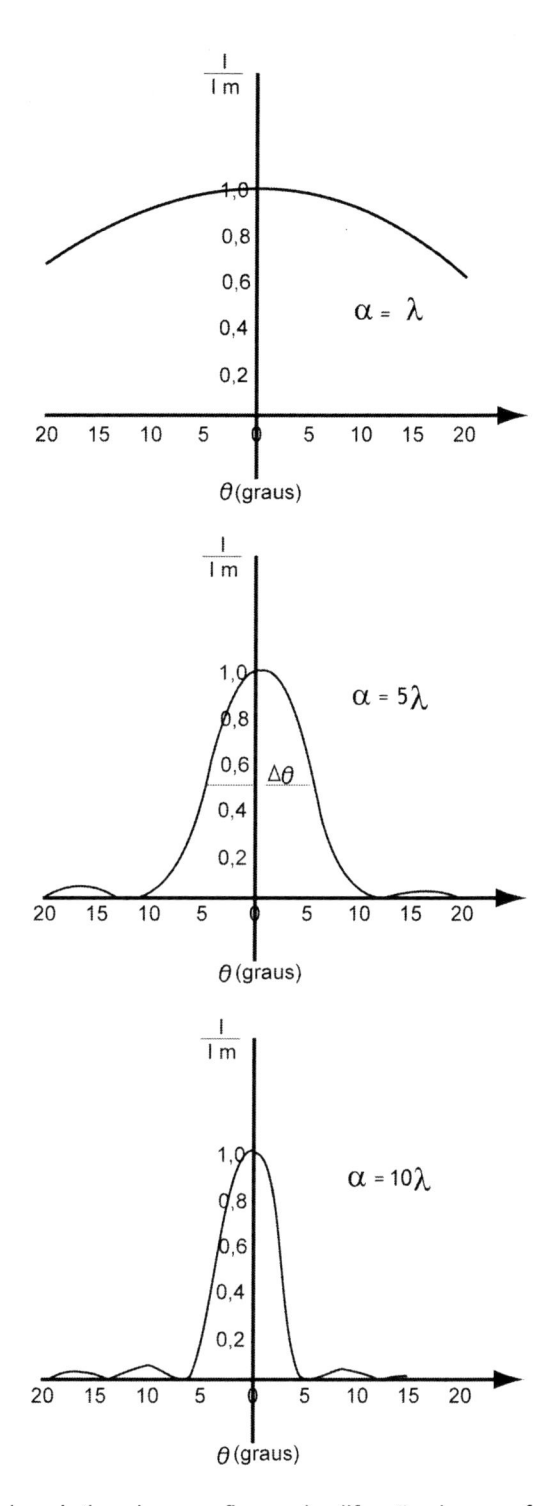

Figura 18 Intensidade relativa de uma figura de difração de uma fenda para três valores diferentes de largura da fenda.

Para deduzir a expressão para a intensidade produzida por uma fenda única, usaremos aqui o método de soma de fasores. Vamos supor que a frente de onda na fenda esteja subdividida em um grande número de faixas. Superpomos todas as contribuições das frentes de onda secundárias que atingem o ponto P e que formam um ângulo θ com a normal ao plano da fenda, como foi apresentado na Figura 16.

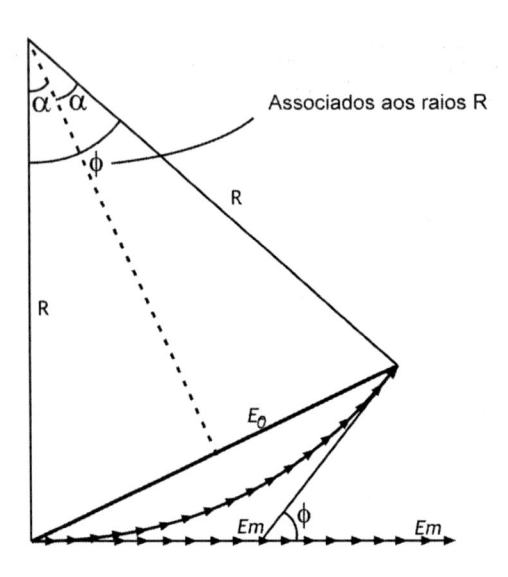

Figura 19 Construção usada para calcular as intensidades da figura de difração de uma fenda.

Na Figura 19 vemos o arco de fasores que representam as ondas secundárias que atingem o ponto P na Figura 16. A amplitude E da onda resultante no ponto P é a soma vetorial desses fasores. Dividindo a fenda da figura em regiões infinitesimais de largura Δx, o arco de fasores tende para um arco de círculo de raio R, sendo o comprimento do arco E_m. O ângulo φ é a diferença de fase entre os vetores infinitesimais situados na extremidade do arco E_m. Podemos ver também que φ é o ângulo entre os raios R. Sendo assim, temos dois triângulos dos quais podemos obter:

$$\text{sen}\left(\frac{\varphi}{2}\right) = \frac{E_\theta}{2R} \tag{2.29}$$

Em radianos, temos:

$$\varphi = \frac{E_m}{R} \tag{2.30}$$

Das duas últimas expressões, obtemos:

$$E_\theta = \frac{E_m}{\frac{\varphi}{2}} \text{sen}\left(\frac{\varphi}{2}\right) \tag{2.31}$$

Como a intensidade de uma onda eletromagnética é proporcional ao quadrado da amplitude do campo elétrico, temos, portanto:

$$\frac{I(\theta)}{I_m} = \frac{E_\theta^2}{E_m^2} \tag{2.32}$$

Substituindo pelo valor E da Equação (2.31) e fazendo $\alpha = \frac{\varphi}{2}$, obtemos:

$$I(\theta) = I_m \text{sen}\left(\frac{\text{sen}\alpha}{\alpha}\right)^2 \tag{2.33}$$

2.4.3 Difração por duas fendas

Quando existem duas ou mais fendas, o padrão de intensidade sobre uma tela afastada é a combinação do padrão de difração de uma única fenda e do padrão de interferência de fendas múltiplas. Na Figura 20 pode ser visto o padrão de difração de duas fendas muito estreitas. Note que o máximo de difração central contém 19 máximos de interferência e nove máximos em cada lado. O décimo máximo de interferência a cada lado do máximo central está dado por $\text{sen}\theta = 10\frac{\lambda}{d} = \frac{\lambda}{a}$, já que d = 10a. Em geral, podemos ver que se $m = \frac{d}{a}$, o m-ésimo de interferência irá coincidir com o primeiro mínimo de difração, portanto existem m − 1 franjas em cada lado da franja central para um total de N franjas no máximo central, em que N é dado por:

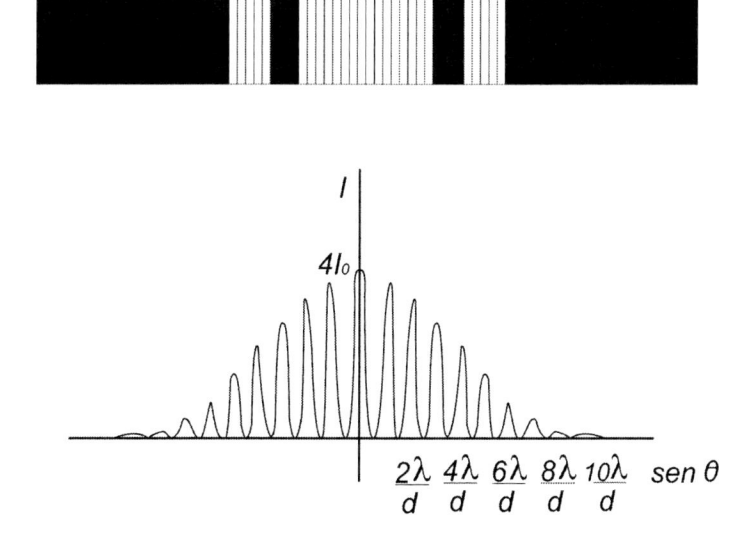

$$N = 2(m-1)+1 = 2m-1 \tag{2.34}$$

Figura 20 Padrão de difração de duas fendas muito estreitas.

2.4.4 Difração por uma abertura circular

A difração (de Fraunhofer) para uma abertura circular, que pode ser vista na Figura 21, precisa de cálculos matemáticos mais complexos que a difração para uma abertura retangular de Fraunhofer (analisada anteriormente). Portanto, os cálculos detalhados para a difração por uma abertura circular não serão realizados aqui e vamos adotar como certa a equação:

$$\text{sen}\,\theta = 1{,}22\frac{\lambda}{d} \tag{2.35}$$

em que d é o diâmetro da abertura circular.

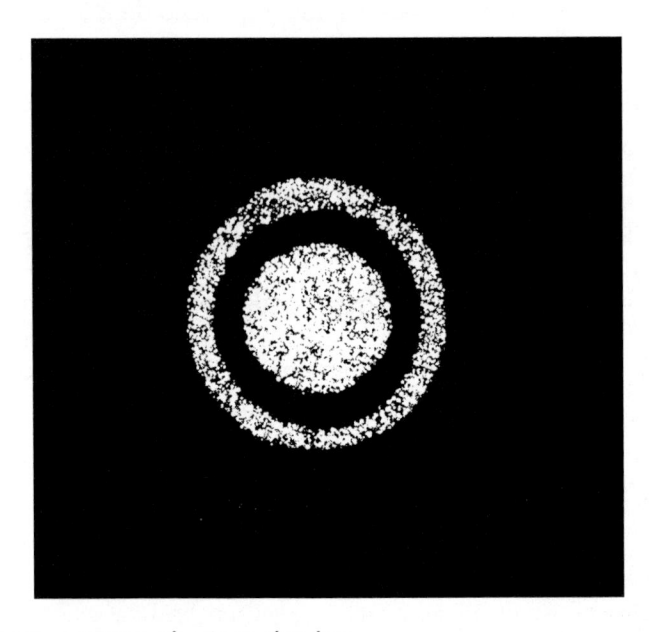

Figura 21 Difração por uma abertura circular.

Essa difração é muito importante para a resolução de vários instrumentos ópticos. Em muitas aplicações, o ângulo θ é muito pequeno, o que indica que a Equação (2.35) pode ser escrita como:

$$\theta = 1{,}22\frac{\lambda}{d} \tag{2.36}$$

A resolução é um conceito muito importante que aparece quando se analisa a difração causada por duas fontes pontuais que possuem um ângulo α entre si em uma abertura circular longe das fontes. A importância da resolução é dada porque, em certos momentos, os corpos não podem ser vistos por causa da difração. Isso significa que as figuras de difração dos corpos se superpõem, fato que impossibilita que os corpos possam ser distinguidos.

Na Figura 22, a separação angular de duas fontes pontuais é tal que o máximo central da figura de difração de uma das fontes coincide com o primeiro mínimo da figura de difração da segunda fonte, situação conhecida como *Critério de Rayleigh* para a resolução.

Figura 22 Representação da intensidade das imagens de duas fontes nas quais é válido o Critério de Rayleigh.

O ângulo crítico para que dois corpos possam ser mal distinguidos é:

$$\theta_R = 1{,}22\frac{\lambda}{d} \tag{2.37}$$

Essa equação é conhecida como Critério de Rayleigh e tem muitas aplicações, como exemplo, citamos o poder de resolução de um instrumento óptico (telescópio ou microscópio). A partir dela podemos aumentar o poder de resolução de um instrumento variando o comprimento de onda da luz incidente ou variando o diâmetro das lentes.

2.5 Dispositivos ópticos

Atualmente existem dispositivos ópticos que são usados para diversos fins. Temos, por exemplo, lentes, *laser*, leitores de DVD, sistemas de segurança, LEDs (Light Emission Diodes), entre outros. Com o desenvolvimento da óptica, tem sido possível automatizar e/ou melhorar uma grande quantidade de processos industriais e aperfeiçoar igual quantidade de equipamentos usados na pesquisa, nos escritórios e em nossas casas.

2.5.1 O *Laser*

O *Laser* (amplificação da luz por emissão estimulada de radiação, do inglês Light Amplification by Stimulated Emission of Radiation) é um dispositivo que produz um feixe de luz com as seguintes características:

- *Monocromática*. Se verificarmos o espectro da luz *laser*, veremos somente uma linha mostrando que ela é composta de apenas um comprimento de onda, enquanto uma fonte de luz incandescente é formada por vários comprimentos de onda.

- *Coerente*. A radiação é espacialmente coerente se as ondas sucessivas da radiação estão em fase, e temporalmente coerente quando os trens de onda têm todos a mesma direção e o mesmo comprimento de onda.

- *Altamente direcional*. O feixe resultante, que é constituído de ondas caminhando na mesma direção, é bastante estreito, ou seja, todo feixe propaga-se na mesma direção, havendo um mínimo de dispersão. Essa característica é extremamente importante para uma série de aplicações em comunicação, na indústria, na eletrônica, etc.

- *Intensidade*. A intensidade do feixe laser pode ser extremamente grande, ao contrário das fontes de luz convencionais.

2.5.2 Redes de difração

As redes de difração são dispositivos muito úteis para o estudo da luz e dos objetos que absorvem luz. Esse dispositivo utiliza um arranjo semelhante ao do experimento de dupla fenda, exceto pelo fato de que o número de fendas (ou ranhuras) pode chegar a milhares por milímetros. As redes de difração permitem medir com grande precisão comprimentos de onda, já que conhecida a constante de rede 2d, o ângulo de incidência ϕ e o de difração θ correspondente a um máximo de ordem m se pode calcular λ:

$$2d|\text{sen}\theta - \text{sen}\phi| = m\lambda \tag{2.38}$$

Experimentalmente não é necessário conhecer o ângulo de incidência ϕ, então utilizamos o método de mínimo desvio $\phi = -\theta$. Dessa forma, temos:

$$2d = \frac{m\lambda}{2|\text{sen}\theta|} \tag{2.39}$$

Com essa equação podemos medir qualquer λ.

2.5.3 Outras aplicações

2.5.3.1 *Laser*

Entre as inúmeras aplicações do *laser*, podemos citar que é usado para transmitir informação por fibras ópticas. É usado para realizar a leitura dos códigos de barras, de CDs e DVDs. Também é utilizado na realização de cirurgias, procedimentos odontológicos, na astronomia, sistemas métricos, etc.

2.5.3.2 Holografia

A holografia é uma das aplicações mais importantes da interferência óptica. Um holograma é uma representação fiel de uma cena. Quando é realizado o holograma com luz *laser*, a representação é tão fiel que é possível ver ao redor dos cantos dos objetos e suas laterais. Numa fotografia se usa a lente para formar a imagem de um objeto sobre um filme fotográfico, sendo que toda a luz que chega ao filme vem do objeto fotografado. No caso da holografia, cada ponto do objeto reflete a luz para a chapa inteira, portanto cada parte da chapa é exposta à luz vinda de cada parte do objeto. Isso torna o holograma uma gravação de um padrão de interferência e não uma gravação de uma imagem como é o caso da fotografia convencional.

2.6 Exercícios resolvidos e propostos

a) Qual será o valor do comprimento de onda da luz que passa através de uma fenda com largura igual a 2,5 μm e cuja primeira franja escura (mínimo) aparece para $\theta = 15°$?

Solução:

O importante desse exercício é o esclarecimento de que a difração ocorre separadamente para cada comprimento de onda que passa por uma fenda!

Agora, para resolvê-lo, simplesmente aplicamos a equação que relaciona o comprimento de onda com a largura da fenda:

$a \operatorname{sen}\theta = m\lambda$

como é o primeiro mínimo, m = 1, temos:

$$\lambda = a\,\text{sen}\,\theta = (2,5 \times 10^{-6}\,\text{m})\,\text{sen}\,15° = 6,47 \times 10^{-7}\,\text{m} = 647\,\text{nm}$$

Lembrando que: $2,5\,\mu m = 2,5 \times 10^{-6}\,m$. O comprimento da luz que incide na fenda é igual a 647 nm (luz vermelha).

b) Uma luz de comprimento de onda $\lambda = 700$ nm incide sobre duas fendas de largura a = 0,030 mm que estão separadas por uma distância d = 0,12 mm. Quantas franjas claras são vistas no máximo de difração central?

Solução:

Pela Equação (2.34) sabemos que o número de franjas no máximo central está dado por:

N = 2m – 1

Agora necessitamos encontrar um valor de m para o qual o m-ésimo máximo de interferência coincida com o primeiro mínimo de difração, portanto:

$$\text{sen}\,\theta_1 = \frac{\lambda}{a} \quad \text{(primeiro mínimo de difração)}$$

Posteriormente achamos o ângulo para o máximo de interferência:

$$\text{sen}\,\theta_m = m\frac{\lambda}{d} \quad \text{(máximo de interferência)}$$

Igualando os ângulos:

$$m\frac{\lambda}{d} = \frac{\lambda}{a}$$

$$m = \frac{d}{a} = \frac{0,12\,\text{mm}}{0,030\,\text{mm}} = 4$$

Assim, usando N = 2m – 1, temos que:

N = 7 franjas claras

c) Duas fontes de luz coerente, S_1 e S_2, estão situadas a uma distância l uma da outra. À distância D > l das fontes coloca-se uma tela (ver figura). Encontrar a distância entre as faixas de interferência sucessivas, próximas ao meio da tela, ponto A, se as fontes emitem luz de comprimento de onda λ.

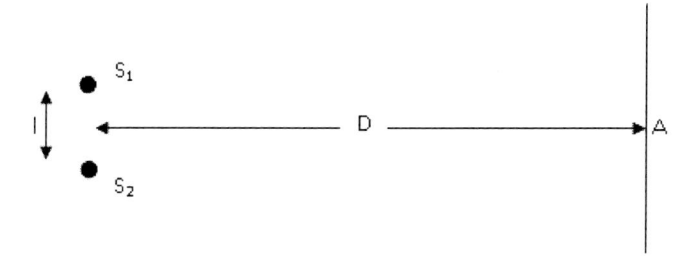

Solução:

Em um ponto arbitrário da tela, C, observaremos um máximo de iluminação. Se a diferença de marcha é $d_2 - d_1 = k\lambda$, em que $k = 0, 1, 2, 3...$ são números inteiros (ver figura da solução), pelo Teorema de Pitágoras temos que:

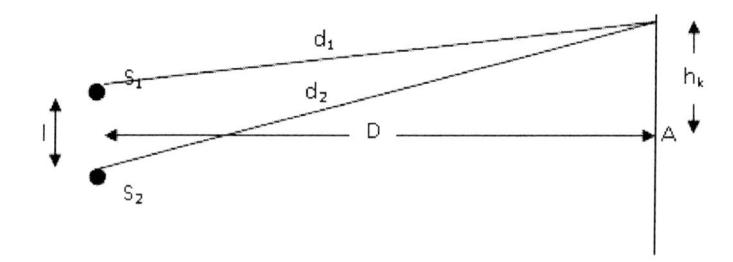

Figura 23 Fontes de luz coerentes, situadas a uma distância D da tela.

$$d_2^2 = D^2 + \left(h_k + \frac{l}{2}\right)^2 = D^2 + \left(h_k - \frac{l}{2}\right)^2$$

Daí:

$$d_2^2 - d_1^2 = (d_2 + d_1)(d_2 - d_1) = 2h_k l$$

De acordo com as condições do problema, $(d_2 + d_1) \approx 2D$. Consequentemente $(d_2 - d_1) = k\lambda \approx \dfrac{2h_k l}{(2D)}$. A distância da k-ésima faixa luminosa até o centro da tela é $h_k = \dfrac{k\lambda D}{l}$.

A distância entre as faixas é $\Delta h = h_{k+1} - h_k = \dfrac{\lambda D}{l}$.

d) Considere que a distância entre duas antenas transmissoras seja de d = 10 m e que a frequência das ondas irradiadas seja f = 60 MHz. Seja $I = I_0 \cos^2\left(\dfrac{\pi d}{\lambda} \text{sen}\theta\right)$ a expressão da intensidade. A intensidade a uma distância de 700 m correspondente a $\theta = 0$ é $I_0 = 0,020 \dfrac{W}{m^2}$. Determine o comprimento de onda e compare com a distância entre as fontes. Determine também a intensidade na direção $\theta = 4°$. Quando, ou seja, em quais direções a intensidade se anula? Ewm que direção próxima de $\theta = 0$ a intensidade se reduz a $\dfrac{I_0}{2}$?

e) Considere duas fendas distantes 0,260 mm uma da outra, colocadas a uma distância de 0,700 m de uma tela, que são iluminadas por uma luz coerente cujo comprimento de onda é igual a 660 nm. No centro do máximo central $(\theta = 0°)$ a intensidade é igual a I_0. Determine a distância sobre a tela entre o centro do máximo central e o primeiro mínimo. Como $\text{sen}\theta$ é aproximadamente igual a $\dfrac{y}{R}$, podemos usar a expressão para a intensidade em qualquer ponto da tela como $I = I_0 \cos^2\left(\dfrac{\pi d y}{\lambda R}\right)$. Portanto, determine também a distância sobre a tela entre o centro do máximo central e o ponto para o qual a intensidade se reduz a $\dfrac{I_0}{2}$.

f) Uma estação transmissora de rádio possui duas antenas idênticas que irradiam em fase ondas com frequência de 120 MHz. A antena B está a uma distância de 9,0 m à direita da antena A. Considere um ponto P entre as antenas ao longo da reta que as une, situado a uma distância x à direita da antena A, ou seja, $r_A = x$ e seja r_B a distância do ponto P à antena B. Faça uma figura ilustrativa do problema e determine os valores de x para os quais irá ocorrer interferência construtiva no ponto P.

g) Uma luz monocromática proveniente de uma fonte distante incide sobre uma fenda com largura igual a 0,750 mm. Sobre a tela, a uma distância de 2,0 m da fenda, verifica-se que a distância entre o primeiro mínimo e o máximo central da figura de difração é igual a $y_1 = 1,35$ mm. Faça uma figura ilustrativa e determine o comprimento de onda da luz em nm.

2.7 Considerações finais

Nesta Unidade vimos os conceitos de difração e interferência. Mostramos algumas aplicações desses princípios físicos, como as aplicações laser e as redes de difração. Finalmente é importante ressaltar que mostramos como exemplo a solução de três problemas referentes aos temas tratados com o objetivo de orientar os estudantes na solução desses tipos de problemas. Além disso, propusemos quatro problemas referentes ao conteúdo tratado.

2.8 Estudos complementares

Tema relacionado com a interferência por divisão da frente de onda, experiência de Young dupla fenda. Disponível em: <http://efisica.if.usp.br/otica/universitario/interferencia/young/>.

Detalhes matemáticos da interferência de luz. Disponível em: <http://library.thinkquest.org/C006027/html-ver/op-inter.html>.

Programa em Java que permite interagir com o fenômeno de interferência da luz. Disponível em: <http://www.walter-fendt.de/ph14e/doubleslit.htm>.

A interferência mediante um experimento simulado (o tubo de Quincke), que serve para medir a velocidade do som. Disponível em: <http://www.sc.ehu.es/sbweb/fisica/ondas/quincke/quincke.htm>.

Programa em Java que permite interagir com o fenômeno de difração da luz. Disponível em: <http://www.walter-fendt.de/ph14br/singleslit.htm>.

Banco de imagens de borboletas. Disponível em: <http://www.fotosearch.com.br/fotos-imagens/morpho-borboleta.html>.

UNIDADE 3

Fundamentos de Física Quântica

3.1 Primeiras palavras

Quando falamos de física quântica, devemos pensar no campo da física que consegue explicar o comportamento de sistemas físicos cujas dimensões são da ordem subatômica, recebendo este nome por estabelecer o fenômeno de quantização no estudo dos sistemas. A quantização, em termos simples, é a atribuição de valores discretos a variáveis físicas. Por exemplo, um elétron com energia igual a $-13,6$ eV pode passar ao orbital seguinte, atingindo uma energia igual a $-3,4$ eV quando orbita em torno de um núcleo de hidrogênio. Nenhum valor entre esses dois valores pode alcançar o elétron, portanto a energia do elétron é quantizada.

3.2 Problematizando o tema

A Mecânica Quântica é uma área da física muito importante, e, em virtude dela, é possível explicar muitos fenômenos impossíveis de ser ilustrados pela teoria clássica, como a ordem dos elementos na tabela periódica, o funcionamento dos transistores, a radiação do corpo negro, as órbitas estáveis do elétron, entre outros. Muitas áreas da ciência, como a Química, a Bioquímica, a Eletrônica e a Medicina, usam o conhecimento gerado pela física quântica para aumentar seu desenvolvimento.

Embora a maioria dos fenômenos explicados pela física quântica seja de caráter microscópico, existem fenômenos macroscópicos como a superfluidez e a supercondutividade, que podem ser explicados com a física quântica.

Para compreender os conceitos básicos da física quântica, trataremos a seguir temas relacionados com o fóton, a quantização, efeitos fotoelétrico e Compton, natureza corpuscular e ondulatória da matéria e, finalmente, serão apresentadas algumas aplicações tecnológicas. Mas, antes de abordar todos esses temas, vamos lembrar como foi possível chegar até os conhecimentos atuais.

3.3 Breve histórico da teoria atômica

A primeira teoria atômica foi sugerida pelo filósofo grego Demócrito, na qual ele afirmava que todas as coisas estavam formadas por minúsculas partículas, que eram indivisíveis, denominadas átomos. Essa teoria foi questionada por inúmeros cientistas durante vários séculos, principalmente por aqueles que acreditavam na continuidade da matéria.

No século XIX, John Dalton propôs um modelo de átomo baseado numa série de evidências experimentais que já eram conhecidas em sua época. As premissas de seu modelo podem ser resumidas assim:

- Toda matéria é composta de átomos, sendo estes indivisíveis.
- Os átomos não se transformam uns nos outros, nem podem ser criados nem destruídos.
- Todos os elementos químicos são formados por átomos simples, sendo os átomos de determinado elemento idênticos entre si em tamanho, forma, massa e demais propriedades.
- Toda reação química consiste na união ou separação de átomos, em que átomos iguais entre si se repelem e átomos diferentes se atraem.
- Substâncias compostas são formadas por átomos compostos (as atuais moléculas) em uma relação numérica simples.

A teoria de Dalton, apesar de ter falhas, se manteve inalterada por vários anos, até que Joseph John Thomsom acabou com a ideia de que o átomo era indivisível. Propôs um modelo no qual a massa do átomo era a massa das partículas positivas e as partículas neutras. Os elétrons não seriam considerados por serem muito leves. Ele considerou que o átomo estava formado por um núcleo constituído por partículas positivas e neutras. Esse núcleo era praticamente todo o volume do átomo. A outra parte do átomo era composta de cargas negativas (elétrons) que estavam uniformemente distribuídas entre as partículas positivas e neutras para garantir o equilíbrio elétrico, evitando o colapso da estrutura. Atribui-se a Thomsom a descoberta dos elétrons.

Anos mais tarde, Ernest Rutherford, estudante de J. J. Thomsom, tentou provar que as premissas de Thomsom estavam certas. Para isso, bombardeou uma lâmina fina de ouro com partículas alfa emitidas pelo polônio. Para conseguir um feixe de partículas alfa, foi utilizado um anteparo de chumbo, provido de uma fenda, de maneira que só passassem pelo chumbo as partículas que incidissem na fenda. Teve o cuidado de colocar atrás da lâmina de ouro outro anteparo tratado com sulfeto de zinco, que é uma substância que se ilumina quando uma partícula radioativa a atinge.

Rutherford esperava que as partículas alfa atravessassem a lâmina de ouro quase sem desvios, com base no modelo de Thomsom. Não obstante, os desvios foram muito mais intensos. A partir dessa observação, Rutherford *propôs que os átomos seriam constituídos por um núcleo muito denso, carregado positivamente, onde se concentraria praticamente toda a massa. Ao redor desse centro positivo, ficariam os elétrons, distribuídos espaçadamente.*

Logo, no ano de 1913, o físico Niels Böhr propôs um modelo para o átomo de hidrogênio que incluía as conclusões de Rutherford, os estudos feitos em relação ao espectro do átomo de hidrogênio e o postulado de Planck, que admitia a quantização de energia. Os postulados do modelo de Böhr foram:

- O elétron do átomo de hidrogênio descreve uma órbita circular ao redor do núcleo, sendo que este pode se encontrar em uma série limitada de orbitais.
- As órbitas (que diferem pelos raios) foram chamadas por Böhr de estados estacionários. O elétron só pode ocupar certas órbitas.
- Um elétron que permanece em uma órbita determinada não irradia energia e a passagem de um elétron de uma órbita para outra supõe absorção ou emissão de determinada quantidade de energia.
- A energia é emitida ou recebida em forma de irradiação e cada órbita é caracterizada por um número quântico (n), que pode assumir valores inteiros entre 1, 2, 3,...

Vários cientistas e até o próprio Böhr tentaram aplicar esse modelo a outros átomos, embora sem nenhum sucesso. Chegaram, assim, à conclusão de que deveriam existir outros fatores a ser analisados quando os átomos tinham mais de um elétron. A partir dessa conclusão, os estudos se concentraram no comportamento dos elétrons nos diversos átomos. Contribuições importantes começaram a aparecer, como:

- Louis de Broglie, em 1924, mostrou que o elétron tem um comportamento análogo à luz, portanto tem um comportamento de onda e partícula.
- Werner Heisenberg, em 1926, propôs o conceito de probabilidade de posição. Quanto maior a densidade eletrônica, maior a probabilidade de encontrarmos um elétron. Portanto, o conceito de órbita ficou questionado.
- Erwin Schrödinger, em 1927, realizou uma contribuição muito importante para a moderna teoria atômica, ele formulou uma equação cujo desenvolvimento descreve a probabilidade de encontrarmos elétrons no átomo. A formulação de Schrödinger passou a ser a base da mecânica quântica e concedeu-lhe um prêmio Nobel.

Eventualmente, Schrödinger determinou que em vez das órbitas que Böhr sugeriu, havia realmente orbitais. Em vez da ideia de que os elétrons estariam num caminho predeterminado, eles estariam em movimento em torno de uma área (não é possível localizar exatamente um elétron, somente a probabilidade de localização). Esse modelo viria a ser a base da moderna teoria atômica.

Os cientistas ainda estão realizando novas descobertas relacionadas à teoria atômica, portanto novas ideias e teorias serão sugeridas para uma melhor compreensão dos átomos.

3.4 Quanta de energia e fótons

Conforme visto anteriormente, a luz é uma onda eletromagnética. Fenômenos como a interferência, a difração e a polarização da luz nos dão indícios da sua natureza ondulatória. Entretanto, fenômenos como emissão, absorção e espalhamento nos permitem inferir que a luz apresenta também um comportamento como partícula. Isso é muito mais evidente quando analisamos a energia de uma onda eletromagnética. A energia das ondas eletromagnéticas é quantizada, ou seja, é emitida ou absorvida em pacotes semelhantes a partículas com energias definidas chamadas de fótons ou quanta.

O conhecimento dos fótons permite compreender e explicar o efeito fotoelétrico e o Compton, que serão mencionados a seguir, assim como as bases para o entendimento da física quântica.

Embora o conceito de fóton, ainda hoje, não seja totalmente compreendido, na física moderna considera-se o fóton como o responsável pelas manifestações quânticas do fenômeno eletromagnético. É uma partícula portadora de todas as formas de radiação eletromagnética, desde os raios gama até as ondas de raio. O fóton tem uma massa igual a zero, não tem carga e viaja no vácuo com uma velocidade constante igual à velocidade da luz. Apresenta propriedades corpusculares e ondulatórias (dualidade onda-partícula) e comportamento ondulatório em fenômenos como a refração e a interferência. Como partícula, quando interage com a matéria, transfere uma quantidade fixa de energia, que segundo Einstein é dada por:

$$E = hf = \frac{hc}{\lambda} \tag{3.1}$$

em que $h = 6{,}626 \times 10^{-34}$ J s $= 4{,}135 \times 10^{-15}$ eV s é a constante de Plank, c é a velocidade da luz e λ é o comprimento de onda da radiação incidente.

Portanto, a energia do fóton e seu momento estão relacionados pela expressão:

$$E = pc \tag{3.2}$$

Por outro lado, no mundo microscópico muitas grandezas físicas se encontram em múltiplos inteiros de uma quantidade elementar, ou seja, se encontram *quantizadas*. Por exemplo, quando a energia de uma onda eletromagnética é quantizada ela é emitida em pacotes denominados fótons ou quanta. Isso indica que a menor energia que uma onda de frequência f pode ter é a energia correspondente a um único fóton ou quantum, e se uma onda possui uma energia maior, essa energia deve ser determinada por múltiplos inteiros da Equação (3.1).

Einstein propôs que a emissão ou absorção da luz por um corpo ocorre nos átomos que o conformam. Quando um fóton é absorvido por um átomo, a energia hf do fóton é transferida ao átomo ocasionando a aniquilação do fóton. Ele pode ser criado com a emissão de energia hf por parte do átomo. Assim, os átomos de um corpo podem absorver ou emitir fótons.

3.4.1 Efeito fotoelétrico

O efeito fotoelétrico se baseia na emissão de elétrons por parte de uma superfície quando se incide uma radiação sobre ela. A descoberta desse efeito foi muito importante para conhecer profundamente a natureza da luz e para melhorar e aperfeiçoar as condições de trabalho e a vida da sociedade. Em virtude do efeito fotoelétrico, tornou-se possível o cinema falado, assim como a transmissão de imagens animadas. Outra aplicação importante é o ligamento e desligamento dos sistemas de iluminação das ruas.

Experimentalmente o efeito fotoelétrico pode ser explicado a partir da Figura 24. Nela, podemos ver um esquema do dispositivo desenhado para estudar o efeito fotoelétrico e um feixe de luz de uma única frequência entrando numa câmara de vácuo e incidindo sobre uma placa C (geralmente metálica, denominada cátodo), originando a emissão de elétrons. Alguns desses elétrons conseguem atingir a placa A (ânodo). Usamos o resistor, detalhado no esquema, para que o ânodo A fique um pouco negativo em relação a C. Isso faz diminuir a velocidade dos elétrons ejetados por C. Em seguida, aumentamos o valor negativo da voltagem com o objetivo de deter os elétrons de maior energia ejetados por C um pouco antes de atingir A. Essa voltagem é denominada voltagem de corte (V_{corte}). Assim, a energia cinética desses elétrons é dada por:

$$K_{máx} = eV_{corte} \qquad (3.3)$$

em que $e = 1,6 \times 10^{-19}$ coulomb (C) – carga elementar.

As experiências mostraram que o valor da energia cinética máxima os elétrons, $K_{máx}$, não depende da intensidade da luz incidente no cátodo C. Pela teoria clássica, se esperaria que aumentando a taxa de incidência da luz sobre a superfície, a energia absorvida por cada elétron aumentaria e, portanto, aumentaria também a energia cinética dos elétrons emitidos. Experimentalmente é observado que a energia cinética máxima dos elétrons emitidos é a mesma para uma determinada frequência de onda de luz incidente, não importando a intensidade da luz. Esse resultado experimental foi explicado por Albert Einstein quantizando a luz em pequenos pacotes denominados fótons. A energia de cada fóton é dada pela Equação (3.1).

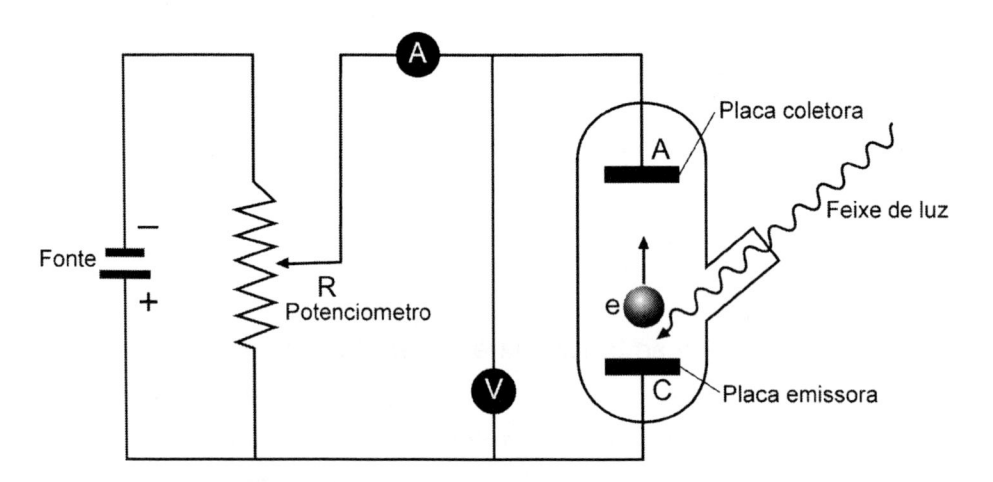

Figura 24 Desenho esquemático do dispositivo utilizado para estudar o efeito fotoelétrico.

Outra forma de analisar o efeito fotoelétrico pode ser vista na Figura 25. No gráfico podemos observar o potencial de corte ou voltagem de corte em função da frequência da luz incidente. A partir da figura podemos inferir que existe uma frequência de corte a partir da qual o efeito fotoelétrico pode ser observado. O resultado não depende da intensidade da luz incidente. Esse resultado também não pode ser explicado pela física clássica.

Se a luz tivesse um comportamento só de onda eletromagnética, teria energia suficiente para ejetar elétrons, qualquer que fosse a frequência, contanto que fosse suficientemente intensa. Não obstante, isso não acontece. Se a frequência da luz é menor que a frequência de corte, não são ejetados elétrons por mais intensa que seja a luz.

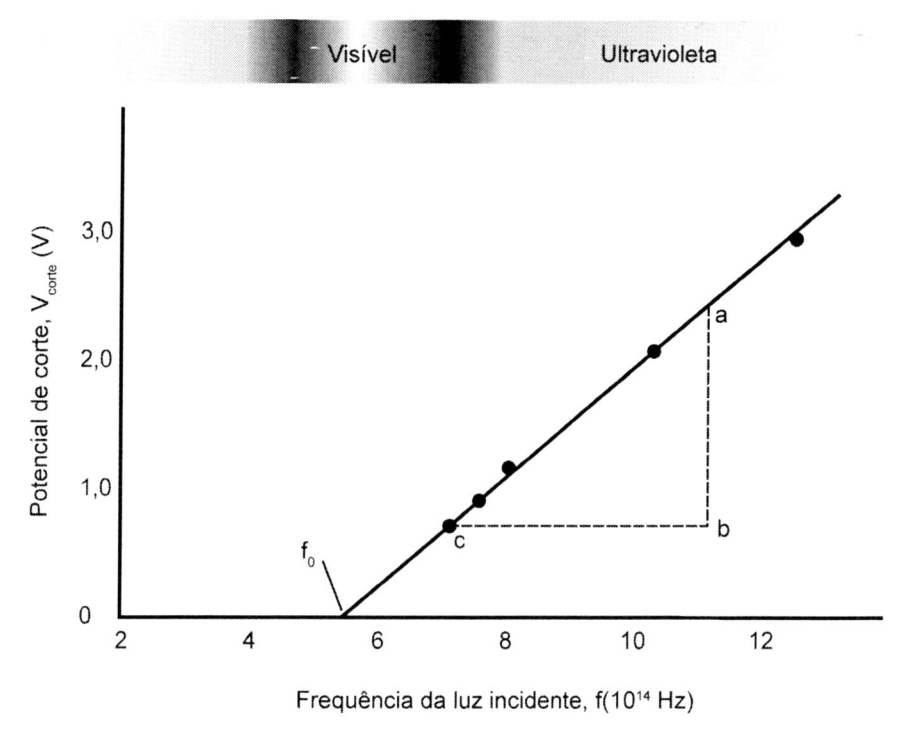

Figura 25 Potencial de corte (V_{corte}) em função da frequência f da luz incidente (dados obtidos por R. A. Millikan em 1916).

O conceito de fóton pode ser de novo usado para explicar a frequência de corte. Lembremos que os elétrons são mantidos na superfície do alvo por forças elétricas. Para escapar do alvo, um elétron necessita de certa energia mínima, que depende do material com que é feito o alvo e recebe o nome de função trabalho, representada por ϕ. Portanto, se a energia cedida por um fóton a um elétron é maior que a função trabalho do material, o elétron pode escapar, e se a energia cedida é menor, o elétron não poderá escapar.

Einstein aplicou a lei de conservação de energia e mostrou que a energia cinética máxima de um elétron emitido é dada pela diferença entre a função trabalho e a energia que o elétron ganhou do fóton.

$$K_{máx} = \frac{1}{2}mv_{máx}^2 = hf - \phi \tag{3.4}$$

Substituindo a Equação (3.4) em (3.3), temos:

$$eV_{corte} = hf - \phi \tag{3.5}$$

A Equação (3.5) é conhecida como a equação do efeito fotoelétrico.

3.4.2 Efeito Compton

O efeito Compton é consequência da colisão entre um fóton e um elétron, e a energia adquirida por este elétron depende do ângulo de dispersão do fóton.

Segundo a teoria clássica, se uma onda eletromagnética de determinada frequência incide sobre um material que contém cargas elétricas, as cargas oscilarão com essa frequência e irradiarão ondas eletromagnéticas da mesma frequência.

Arthur H. Compton estudou esse fenômeno considerando a colisão entre um fóton e um elétron. Na Figura 26 podemos ver um esquema do estudo realizado por Compton, em que se observa como um fóton com comprimento de onda λ_1 colide com um elétron – fazendo com que o elétron recue absorvendo energia – e se espalha com um comprimento de onda λ_2. O fóton espalhado teria menos energia e, portanto, frequência mais baixa que o fóton incidente.

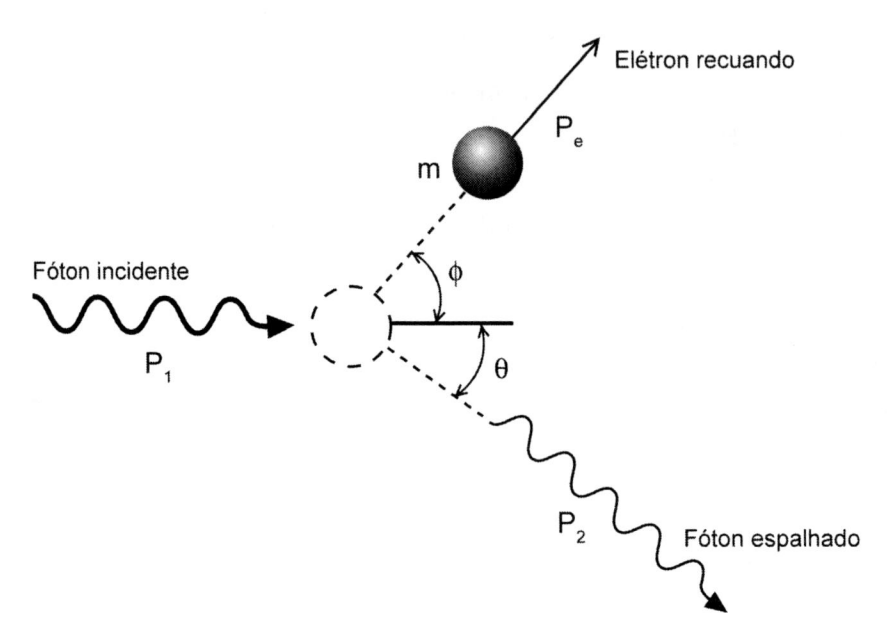

Figura 26 Espalhamento de um fóton ao colidir com um elétron.

Consideremos que classicamente a relação entre a energia e o momento de uma onda eletromagnética é dada pela Equação (3.2). Usando as equações (3.1) e (3.2):

$$p = \frac{E}{c} = \frac{hf}{c} = \frac{h}{\lambda} \qquad (3.6)$$

Dessa maneira, o momento de um fóton p está relacionado ao seu comprimento de onda λ.

Usando as leis de conservação de momento e energia para a colisão representada na Figura 26, temos:

$$\bar{p}_1 = \bar{p}_2 + \bar{p}_e \tag{3.7}$$

em que $\bar{p}_1$ é o momento do fóton incidente, $\bar{p}_2$ é o momento do fóton espalhado e $\bar{p}_e$ é o momento do elétron após a colisão. Lembremos que o momento inicial do elétron é nulo.

Isolando $\bar{p}_e$ na Equação (3.7), temos

$$\bar{p}_e = \bar{p}_1 - \bar{p}_2 \tag{3.8}$$

Usando a lei dos cossenos, obtemos:

$$p_e^2 = p_1^2 + p_2^2 - 2p_1 p_2 \cos\theta \tag{3.9}$$

em que θ é o ângulo entre o fóton espalhado e o fóton incidente. Após a interação, o elétron pode estar se movendo com uma velocidade próxima à velocidade da luz, devemos, então, usar a expressão relativística:

$$E = \sqrt{p_e^2 c^2 + \left(m_e c^2\right)^2} \tag{3.10}$$

Sendo m_e a massa do elétron em repouso, e aplicando a lei da conservação de energia para a colisão, temos:

$$p_1 c + m_e c^2 = p_2 c + \sqrt{p_e^2 c^2 + \left(m_e c^2\right)^2} \tag{3.11}$$

Consulte a primeira referência dos estudos complementares para obter a seguinte equação:

$$\lambda_2 - \lambda_1 = \frac{h}{m_e c}(1 - \cos\theta) \tag{3.12}$$

A expressão dada pela Equação (3.12) é conhecida como Equação do Efeito Compton.

3.5 Natureza corpuscular e ondulatória da matéria

Como visto anteriormente, sabemos que a luz e as outras ondas eletromagnéticas podem se comportar como ondas e como partículas (dualidade onda-partícula). Experiências como a interferência e a difração demonstram o caráter ondulatório, enquanto o aspecto corpuscular é evidenciado pela emissão e absorção de fótons. Em 1924, Louis de Broglie propôs que se um feixe luminoso é uma onda, mas transfere energia e momento à matéria através dos fótons, então um feixe de partículas deve ter as mesmas propriedades. Em outras palavras, um elétron ou qualquer outra partícula pode ser considerado como uma onda de matéria.

Louis de Broglie sugeriu que a equação que determina o momento p de um fóton com comprimento de onda λ fosse também aplicada aos elétrons, sendo assim:

$$\lambda = \frac{h}{p} \tag{3.13}$$

O comprimento de onda calculado por essa equação recebe o nome de comprimento de onda de *de Broglie*.

O conceito proposto por *de Broglie* foi verificado experimentalmente ao observar que feixes de elétrons apresentam o fenômeno de difração ao passar por diminutas aberturas ou obstáculos. A Figura 27 apresenta uma fotografia que mostra a formação de uma figura de interferência por um feixe de elétrons em um experimento de dupla fenda. Podemos ver um padrão de faixas claras e escuras, semelhantes às observadas no experimento de dupla fenda realizado por Young. Isso significa que cada elétron passou pelas fendas como uma onda de matéria. Na região da tela que foi atingida com maior probabilidade de elétrons formaram-se faixas claras, entretanto as faixas escuras foram formadas por poucos elétrons.

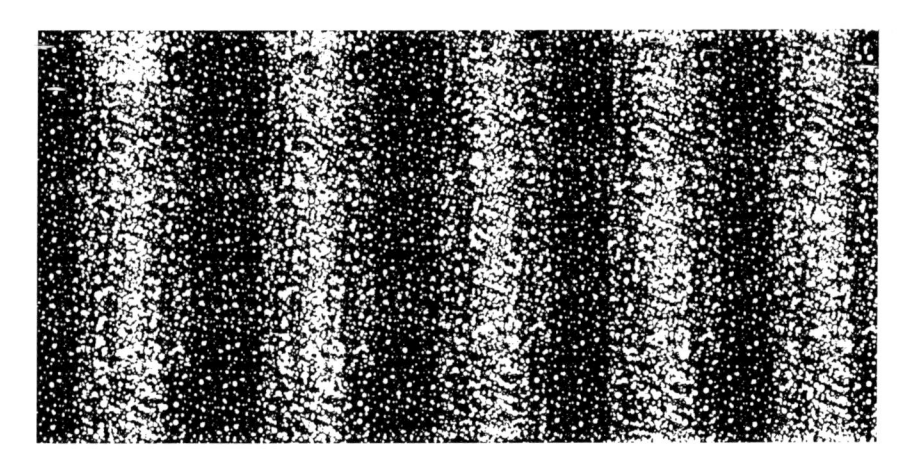

Figura 27 Formação de uma figura de interferência por um feixe de elétrons em um experimento de dupla fenda.

O comportamento ondulatório da matéria tem sido comprovado experimentalmente para feixes de prótons, nêutrons e vários tipos de átomos, portanto pequenos corpos se comportam como ondas de matéria. Entretanto, quando consideramos corpos cada vez maiores, os efeitos associados à natureza ondulatória da matéria se tornam tão pequenos que não podem ser observados. Nesse ponto devemos voltar a analisar os sistemas físicos com a física clássica. Esse é o limite entre a teoria clássica e a quântica.

Podemos agora concluir que a visão corpuscular não é incompatível com a ondulatória, ambas são necessárias para descrever totalmente um sistema físico. Tanto a luz como a matéria têm um duplo caráter, ambas se comportam como partículas e como ondas. No caso das ondas de luz, só é possível encontrar a probabilidade de se descobrir um fóton num certo intervalo de tempo. Da mesma forma, as ondas de matéria são descritas por funções de onda imaginárias, simbolizadas pela letra grega ψ, cujo quadrado do módulo, $|\psi|^2 = \psi^*\psi$, dá a probabilidade de se encontrar a partícula num certo ponto, num certo instante. Erwin Schrödinger propôs uma equação de onda que descreve a maneira pela qual as ondas de matéria se alteram no espaço e no tempo.

3.6 Equação de Schrödinger

A equação de Schrödinger constitui um elemento chave na teoria da mecânica quântica. Seu papel na mecânica quântica pode ser igualado ao papel das leis de Newton na mecânica clássica. Essa equação foi aplicada com êxito no átomo de hidrogênio e em outros sistemas microscópicos. A validade dos conceitos da mecânica quântica é tão importante que, se forem aplicados aos sistemas macroscópicos, os resultados são essencialmente idênticos aos da física clássica. Isso acontece quando o comprimento de onda de *de Broglie* for pequeno em comparação com as dimensões do sistema.

Para deduzir a equação de Schrödinger, devemos lembrar a forma geral da equação de onda das ondas progressivas sobre o eixo dos x:

$$\frac{\partial^2 \psi}{\partial x^2} = \frac{1}{v^2}\frac{\partial^2 \psi}{\partial t^2} \qquad (3.14)$$

em que v é a velocidade da onda e ψ é a função de onda dependente de x e de t.

Uma bem conhecida solução para a Equação (3.14) é:

$$\psi(x,t) = \psi(x)\cos(\omega t) \qquad (3.15)$$

Substituindo (3.14) em (3.15), temos:

$$\cos(\omega t)\frac{\partial^2 \psi}{\partial x^2} = -\left(\frac{\omega^2}{v^2}\right)\psi \cos(\omega t)$$

ou

$$\frac{\partial^2 \psi}{\partial x^2} = -\left(\frac{\omega^2}{v^2}\right)\psi \qquad (3.16)$$

Lembrando que:

$$\omega = 2\pi f = 2\pi \frac{v}{\lambda} \qquad e \qquad p = \frac{h}{\lambda}$$

Temos:

$$\frac{\omega^2}{v^2} = \left(\frac{2\pi}{\lambda}\right)^2 = \frac{4\pi^2}{h^2}p^2 = \frac{p^2}{\hbar^2}$$

Recordando que a energia total E se pode definir como a soma da energia cinética e potencial:

$$E = K + U = \frac{p^2}{2m} + U$$

De modo que:

$$p^2 = 2m(E-U)$$

e

$$\frac{\omega^2}{v^2} = \frac{p^2}{\hbar^2} = \frac{2m}{\hbar^2}(E-U)\psi$$

Substituindo esta última Equação na Equação (3.16):

$$\frac{\partial^2 \psi}{\partial x^2} = -\frac{2m}{\hbar^2}(E-U)\psi \qquad (3.17)$$

Essa expressão é conhecida como Equação de Schrödinger aplicada a uma partícula que se move sobre o eixo x. Trata-se de uma equação independente do tempo, portanto é conhecida como a equação de Schrödinger independente do tempo.

Antes de finalizar esta Unidade, vamos mostrar a solução da equação de Schrödinger para o problema simples de uma partícula numa caixa unidimensional de largura L. Consideremos que as paredes são infinitamente altas, correspondentes a $U(x) = \infty$ para $x = 0$ e $x = L$ (Figura 28). A energia potencial é constante no interior da caixa e é conveniente fazer $U = 0$, portanto na região $0 < x < L$ a equação de Schrödinger toma a forma:

$$\frac{d^2\psi}{dx^2} = -\frac{2mE}{\hbar^2}\psi = -k^2\psi \qquad (3.18)$$

Como as paredes são infinitamente altas, a partícula não pode estar fora da caixa. Portanto, $\psi(x) = 0$ fora da caixa e nas paredes da mesma. Sendo assim, a solução da Equação (3.18) que satisfaz as condições de contorno, $\psi(x) = 0$ em $x = 0$ e em $x = L$, é:

$$\psi(x) = A\,\text{sen}(kx) \qquad (3.19)$$

Podemos facilmente verificar essa solução substituindo (3.19) em (3.18). A primeira condição de contorno, $\psi(0) = 0$, é cumprida quando sen0° = 0. A segunda condição de contorno, $\psi(L) = 0$, só fica satisfeita se kL for um múltiplo inteiro de π, sendo assim temos:

$$kL = \frac{\sqrt{2mE}}{\hbar}L = n\pi \qquad (3.20)$$

Resolvendo em E, a energia permitida fica:

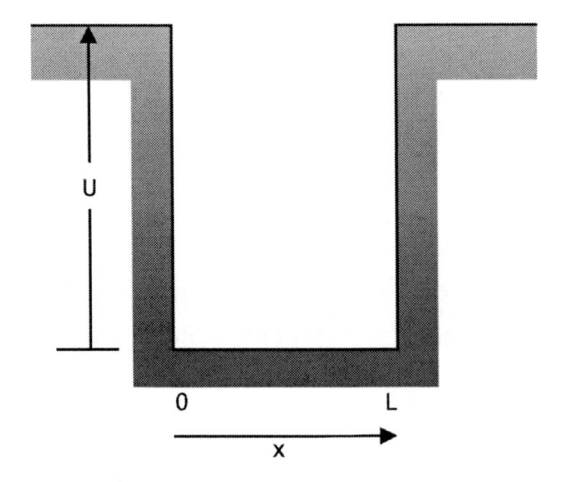

$$E_n = \left(\frac{h^2}{8mL^2}\right)n^2 \qquad (3.21)$$

Figura 28 Caixa unidimensional de largura L e paredes infinitas.

Portanto, as funções de onda permitidas são:

$$\psi_n(x) = A\,\text{sen}\left(\frac{n\pi x}{L}\right) \qquad (3.22)$$

3.7 Aplicações da física quântica

Algumas das aplicações da física quântica estão nos semicondutores, supercondutores, *lasers*, imagens de ressonância magnética nuclear, eletrônica, física de novos materiais, física de altas energias, desenho e instrumentação médica, cosmologia, teoria do universo, computação quântica, etc. Neste livro só faremos referência a algumas dessas aplicações, as outras ficam como consulta por parte dos interessados.

Uma das aplicações mais interessantes da física quântica é a ressonância magnética nuclear. Ela é utilizada para identificar substâncias desconhecidas em investigações criminais e em pesquisa. Além disso, a obtenção de imagens por ressonância magnética nuclear permite examinar quase todos os tecidos do corpo humano sem a necessidade de realizar cirurgias, mostrando imagens do interior e permitindo notar a existência de alguma anormalidade no órgão ou tecido examinado. Isso é possível ao submeter um paciente a um campo magnético muito intenso, e com um *software* adequado de tratamento de imagens pode-se obter informação exata do local em que estão os átomos que compõem cada tecido ou órgão, determinando se estão saudáveis.

Outra aplicação interessante está na área da computação. Grandes recursos estão sendo investidos com o objetivo de obter o computador quântico. Na computação quântica, a velocidade de processamento e a capacidade de armazenamento que se poderia atingir seriam muito superiores às alcançadas até hoje. Os computadores atuais estão baseados em semicondutores e seu funcionamento está determinado principalmente pelas leis da física clássica. Um computador quântico funcionaria com os princípios da física quântica, tendo como característica principal a velocidade e capacidade de processamento. Com um processador quântico se poderia realizar "n" estados possíveis em um só passo, para conseguir o mesmo em computadores tradicionais se necessitaria "n" processadores.

Um dispositivo que tem inúmeras aplicações nos campos da medicina, pesquisa e militar é o *laser*. O funcionamento do laser se baseia na emissão estimulada. Neste processo, um fóton de energia hf pode estimular um átomo a passar para o estado fundamental emitindo outro fóton de energia hf. O fóton emitido é idêntico ao fóton que estimulou a emissão. Seu uso é muito diverso, existindo tratamentos na medicina, como dispositivo de corte na cirurgia, e na indústria, como fonte coerente na pesquisa, etc.

Como podemos ver, a física quântica tem aportado muito para o nível tecnológico atual nos diferentes campos da ciência.

3.8 Exercícios resolvidos e propostos

a) Calcule os comprimentos de onda de dois feixes de luz que possuem fótons com energias de 2,75 eV e 1,90 eV respectivamente.

Solução:

A energia está relacionada ao comprimento de onda por meio da equação:

$$E = \frac{hc}{\lambda}$$

Para 2,76 eV, temos:

$$\lambda = \frac{hc}{E} = (4{,}135 \times 10^{-15}\,eV\,s)\left(\frac{3 \times 10^8\,\frac{m}{s}}{2{,}67\,eV}\right) = 4{,}51 \times 10^{-7}\,m = 451\,nm$$

Do mesmo modo, para 1,90 eV temos:

$$\lambda = \frac{hc}{E} = (4{,}135 \times 10^{-15}\,eV\,s)\left(\frac{3 \times 10^8\,\frac{m}{s}}{1{,}90\,eV}\right) = 6{,}52 \times 10^{-7}\,m = 652\,nm$$

b) Um fóton, com comprimento de onda de 5 $\times 10^{-12}$ m, colide com um elétron de forma que o fóton espalhado segue numa direção oposta ao fóton incidente. O elétron se encontra inicialmente em repouso. (1) Como varia o comprimento de onda do fóton? (2) Qual é a energia cinética de recuo do elétron?

Solução:

(1) O cálculo do aumento do comprimento de onda e do novo comprimento de onda pode ser obtido usando a Equação (3.12).

Calculando o aumento do comprimento de onda:

$$\Delta\lambda = \lambda_2 - \lambda_1 = \frac{h}{m_e c}(1 - \cos\theta) =$$

$$\frac{6{,}626 \times 10^{-34}\,J\,s}{(9{,}1 \times 10^{-31}\,kg)\left(\frac{3 \times 10^8\,m}{s}\right)}(1 - \cos 180°) = 4{,}85 \times 10^{-12}\,m$$

(2) A energia cinética de recuo do elétron é igual à energia do fóton incidente E_1 menos a energia do fóton espalhado E_2:

$$K_e = E_1 - E_2 = \frac{hc}{\lambda_1} - \frac{hc}{\lambda_2}$$

Calcular primeiro o comprimento de onda λ_2:

$$\lambda_2 = \Delta\lambda + \lambda_1 = 4{,}85 \times 10^{-12}\,m - 5 \times 10^{-12}\,m = 9{,}85 \times 10^{-12}\,m$$

Finalmente podemos calcular a energia:

$$K_e = \frac{hc}{\lambda_1} - \frac{hc}{\lambda_2} = \frac{1{,}24 \times 10^{-6}\,\text{eV m}}{5 \times 10^{-12}\,\text{m}} - \frac{1{,}24 \times 10^{-6}\,\text{eV m}}{9{,}85 \times 10^{-12}\,\text{m}} = 122{,}11\,\text{keV}$$

c) Se uma partícula possui um comprimento de onda de Broglie igual a 178 pm = $1{,}78 \times 10^{-10}$ m, qual seria a sua energia cinética? Use as aproximações clássicas para relacionar o momento e a energia cinética.

$$p = mv \quad \text{e} \quad K = \frac{mv^2}{2}$$

Solução:

Para encontrar a solução, devemos pensar primeiro no comportamento ondulatório da partícula.

Segundo, podemos aplicar simplesmente a Equação (3.1) para determinar o momento da partícula, assim:

$$\lambda = \frac{h}{p} \Rightarrow p = \frac{h}{\lambda} = \frac{6{,}63 \times 10^{-34}\,\text{J s}}{1{,}78 \times 10^{-10}\,\text{m}} = 3{,}72 \times 10^{-24}\,\text{kg}\,\frac{\text{m}}{\text{s}}$$

Agora podemos calcular a energia cinética da partícula usando a relação clássica entre a energia e o momento:

$$K = \frac{p^2}{2m} = \frac{\left(3{,}72 \times 10^{-24}\,\text{kg}\,\frac{\text{m}}{\text{s}}\right)^2}{2(9{,}11 \times 10^{-31}\,\text{kg})} = 7{,}60 \times 10^{-18}\,\text{kg}\,\frac{\text{m}^2}{\text{s}^2}$$

d) Calcule a massa de uma partícula que se desloca a uma velocidade de 2×10^{-6} m/s e cujo comprimento de onda é igual a $3{,}31 \times 10^{-19}$ m.

Solução:

Para solucionar este problema, usamos o conceito desenvolvido por Broglie (Equação (4.13)). Assim:

$$\lambda = \frac{h}{p} = \frac{h}{mv}$$

Portanto:

$$m = \frac{h}{\lambda v} = \frac{6{,}63 \times 10^{-34}\,\text{J s}}{(3{,}31 \times 10^{-19}\,\text{m})\left(2 \times 10^{-6}\,\dfrac{\text{m}}{\text{s}}\right)} = 1 \times 10^{-9}\,\text{kg}$$

e) Uma estação de rádio transmite ondas com frequência de 89,3 MHz e com potência total igual a 43,0 kW. Determine o módulo do momento linear p e a energia de cada fóton. Como a estação emite $43{,}0 \times 10^3$ J a cada segundo, quantos fótons são emitidos a cada segundo pela estação?

f) O olho humano é mais sensível à luz verde, cujo comprimento de onda é igual a 505 nm. Verificou-se em experimentos que, quando pessoas são mantidas em um ambiente escuro até que seus olhos se adaptem à escuridão, um único fóton de luz verde atingirá as células receptoras nas camadas externas da retina. Determine: 1) a frequência desse fóton; 2) a quantidade de energia em joules e elétrons-volt que ele fornece às células receptoras; 3) para avaliar o quanto esta quantidade de energia é pequena, calcule a velocidade com que uma bactéria comum de massa igual a $9{,}5 \times 10^{-12}$ g se moveria se tivesse essa quantidade de energia em $\dfrac{\text{mm}}{\text{s}}$.

g) Considere um próton se deslocando com uma velocidade muito menor do que a velocidade da luz. Sua energia cinética é K_1 e o momento linear é p_1. Se o momento linear do próton é dobrado, determine como sua nova energia cinética K_2 se relaciona com K_1. Um fóton com energia E_1 tem um momento linear p_1. Se outro fóton possui um momento linear p_2 que é o dobro de p_1, determine como a energia E_2 do segundo fóton se relaciona com E_1.

h) Um fóton de luz verde tem um comprimento de onda de 520 nm. Determine o módulo do momento linear do fóton, sua frequência e sua energia. Expresse a energia do fóton em joules e em elétrons-volt.

i) A função trabalho para o efeito fotoelétrico em uma superfície de potássio é $\phi = 2{,}3$ eV. Se uma luz com comprimento de onda igual a 250 nm incide sobre o potássio, calcule: 1) o potencial de corte em volts; 2) a energia cinética em elétrons-volt dos elétrons emitidos com maior energia; 3) a velocidade desses elétrons.

3.9 Considerações finais

Nesta Unidade vimos conceitos referentes aos fundamentos de física quântica. Abordamos temas como quantização da energia, efeito Compton, efeito fotoelétrico, dualidade onda-partícula, equação de Schrödinger e mostramos algumas aplicações desses princípios físicos. Finalmente mostramos como exemplo a solução de quatro exercícios referentes aos temas tratados com o objetivo de orientar aos estudantes na solução desse tipo de problema e propusemos cinco exercícios referentes ao conteúdo tratado.

3.10 Estudos complementares

Texto guia sobre o efeito Compton. Disponível em: <http://www.scribd.com/doc/21317407/efecto-compton>.

Dualidade onda-partícula da luz. Disponível em: <http://physics.about.com/od/lightoptics/a/waveparticle.htm>.

Breve história sobre a teoria atômica moderna. Disponível em: <http://www.ausetute.com.au/atomichist.html>.

Teoria atômica. Disponível em: <http://www.ebah.com.br/teoria-atomica-pdf-a15613.html>.

O efeito fotoelétrico. Disponível em: <http://www.colorado.edu/physics/2000/quantumzone/photoelectric.html>.

Diversos temas relacionados com física. Disponível em: <http://hyperphysics.phy-astr.gsu.edu/hbase/hframe.html>.

UNIDADE 4

Física Nuclear

4.1 Primeiras palavras

Um dos objetivos importantes da Física consiste na aplicação da Mecânica Quântica no estudo dos núcleos, enquanto que o da Engenharia consiste em utilizar os conhecimentos obtidos nas aplicações práticas, que se estendem desde a radiação utilizada no tratamento do câncer até a detecção do gás radônio que ocorre no porão das casas.

4.2 Problematizando o tema

As aplicações da física nuclear vêm mostrando desde o século XX efeitos importantes sobre a humanidade. Alguns desses efeitos são benéficos, como, por exemplo, a radiação utilizada na medicina para destruir seletivamente tecidos de tumores. A Medicina Nuclear é um campo que vem se expandindo. Uma aplicação importante da radioatividade está na datação de amostras arqueológicas e geológicas tomando como base a concentração de isótopos de carbono.

4.3 Propriedades do núcleo

Foi verificado por Rutherford que o raio do núcleo é dezenas de milhares de vezes menor do que o raio de um átomo. Foram realizados vários experimentos de espalhamento de prótons, nêutrons, elétrons e partícula alfa desde os seus trabalhos iniciais. Esses experimentos mostraram que podemos pensar em um modelo de núcleo como uma esfera, cujo raio depende do número total de núcleons. Na terminologia usada na física nuclear, os prótons e nêutrons recebem o nome de núcleons, que denotamos por A. Embora o núcleo, bem como o átomo, não tenha uma superfície bem definida, a maioria é esférica e outros apresentam a forma de um elipsoide. Aos raios da maioria dos núcleos pode ser atribuído um raio efetivo, dado pela equação:

$$R = R_0 A^{\frac{1}{3}} \tag{4.1}$$

Nessa equação R_0 é uma constante determinada experimentalmente, cujo valor é:

$R_0 = 1{,}2 \times 10^{-15} m = 1{,}2\ fm$

Para distâncias subatômicas, uma unidade de medida conveniente é o *femtômetro*, também chamada de *fermi*. Os dois nomes têm a mesma definição e são abreviados da mesma forma. Dessa maneira,

1 femtômetro = 1 fermi = 1fm = 10^{-15} m

Na Equação (4.1) o número de núcleons A também recebe o nome de *número de massa* e é o número inteiro mais próximo da massa do núcleo medida em unidades de massa atômica (u). Tanto a massa do próton quanto a massa do nêutron apresentam um valor aproximado de 1 u. Para converter uma unidade de massa atômica em kg, o melhor fator aceito é:

1 u = 1,66053886 $\times 10^{-27}$ kg

Quando nos referimos às massas de um núcleo ou de uma partícula, estamos tratando da *massa de repouso*.

4.3.1 O que podemos dizer a respeito da densidade nuclear?

Para responder a essa pergunta, podemos observar a Equação (4.1), que fornece o raio do núcleo. O volume da esfera é $V = \frac{4}{3}\pi R^3$. Substituindo na Equação (4.1), obtemos:

$$V = \frac{4}{3}\pi R_0^3 A \qquad (4.2)$$

A Equação (4.2) mostra que o volume da esfera é proporcional ao número de massa A. Se dividirmos A (a massa aproximada em unidades atômicas u) pelo volume, obtemos a densidade aproximada, independentemente do valor de A. Assim, podemos concluir que *todos os núcleos têm aproximadamente a mesma densidade*. A conclusão desse resultado é extremamente importante para descrever a *estrutura nuclear*.

Como exercício, considere o tipo de núcleo mais comumente encontrado no ferro, que tem o número de massa igual a 56. Determine o raio desse núcleo, sua massa e sua densidade aproximada.

4.3.2 Nuclídeos e isótopos

O *número atômico Z* é o número de prótons do núcleo. O número de nêutrons do núcleo é denominado *número de nêutrons* e é representado pela letra *N*. A soma do número de prótons e do número de nêutrons nos fornece o *número de núcleons*, representado pela letra *A*.

$$A = Z + N \tag{4.3}$$

Um *nuclídeo* é um dado núcleo com valores definidos de *A*, *Z* e *N*. Representamos os nuclídeos por símbolos e na Tabela 4.1 mostramos alguns deles contendo os valores de *A*, *Z* e *N*.

Tabela 4.1 Valores de *A*, *Z* e *N* para alguns nuclídeos.

Nuclídeo	Z	N	A
$^{1}_{1}H$	1	0	1
$^{2}_{1}D$	1	1	2
$^{4}_{2}He$	2	2	4
$^{6}_{3}Li$	3	3	6
$^{7}_{3}Li$	3	4	7
$^{9}_{4}Be$	4	5	9
$^{10}_{5}B$	5	5	10
$^{11}_{5}B$	5	6	11
$^{12}_{6}C$	6	6	12
$^{13}_{6}C$	6	7	13
$^{14}_{7}N$	7	7	14
$^{23}_{11}Na$	11	12	23

Vamos tomar como exemplo o nuclídeo Na. O índice superior refere ao número de núcleons A, que é 23, e o índice inferior ao número de prótons Z, que é 11. O símbolo Na indica que o elemento é o sódio. De acordo com a Equação (4.3), o número de nêutrons é $N = 12$. Nessa mesma tabela podemos observar que no caso do boro, com $A = 10$ e 11, os nuclídeos são designados por $^{10}_{5}B$ e $^{11}_{5}B$ e chamados como "boro 10" e "boro 11", respectivamente. Geralmente o índice inferior do lado esquerdo é omitido, pois o nome do elemento é suficiente para determinar o número atômico (número de prótons) Z e, neste caso, a notação usada normalmente seria, por exemplo, ^{10}B. Os nuclídeos com mesmo número de prótons, Z, e diferentes números de nêutrons, N, são chamados de *isótopos*. O elemento ouro possui 32 isótopos e apenas um destes nuclídeos é estável, enquanto os outros 31 são radioativos. Esses *radionuclídeos* têm um processo espontâneo de *decaimento* (ou *desintegração*), no qual emitem uma ou mais partículas transformando-se em um nuclídeo diferente. A Tabela 4.2 indica a massa de alguns átomos comuns em que os elétrons estão incluídos e fornece massas de átomos *neutros* (com Z elétrons) e não as massas dos nuclídeos puros, sem os elétrons, dada a dificuldade nas medidas das massas dos nuclídeos puros com boa precisão. Podemos observar nessa mesma tabela que a massa de um átomo carbono 12 neutro é exatamente 12 u e é dessa forma que a unidade de massa atômica é definida. Podemos notar também na tabela que as massas atômicas são menores que a soma de suas partes, ou seja, os Z prótons, os Z elétrons e os N nêutrons.

Tabela 4.2 Massas atômicas de alguns nuclídeos comuns.

Elementos e isótopos	Z	N	A	Massa atômica (u)
Hidrogênio ($^{1}_{1}H$)	1	0	1	1,007825
Deutério ($^{2}_{1}H$)	1	1	2	2,014102
Hélio ($^{3}_{2}He$)	2	1	3	3,016029
Hélio ($^{4}_{2}He$)	2	2	4	4,002603
Lítio ($^{6}_{3}Li$)	3	3	6	6,015122
Lítio ($^{7}_{3}Li$)	3	4	7	7,016004
Berílio ($^{9}_{4}Be$)	4	5	9	9,012182
Boro ($^{10}_{5}B$)	5	5	10	10,012937
Boro ($^{11}_{5}B$)	5	6	11	11,009305
Carbono ($^{12}_{6}C$)	6	6	12	12,000000
Carbono ($^{13}_{6}C$)	6	7	13	13,003355
Nitrogênio ($^{14}_{7}N$)	7	7	14	14,003074
Nitrogênio ($^{15}_{7}N$)	7	8	15	15,000109

4.3.3 Força nuclear

A força responsável que mantém os elétrons unidos ao núcleo para formar o átomo é a força eletromagnética. A força que mantém os prótons e os nêutrons, isto é, os *núcleons* unidos para formar o núcleo, deve ser forte o suficiente para vencer a força eletromagnética devido à repulsão elétrica entre os prótons. Caso isso não ocorresse, o núcleo seria rompido assim que fosse formado. Essa força que mantém os núcleons unidos ao núcleo é um exemplo de uma *interação forte*, e é essa interação que dá origem ao que chamamos de *força nuclear*, no contexto da estrutura nuclear.

Os experimentos têm mostrado que essa força é de curto alcance, uma vez que seus efeitos não vão além de alguns femtômetros, isto é, da ordem de grandeza do diâmetro do núcleo (cerca de 10^{-15} m). Dentro desse intervalo de alcance, a força nuclear é bem mais forte que a força elétrica, caso contrário o núcleo jamais seria estável. Os físicos ainda não conseguiram escrever uma expressão completa para sua dependência com a distância r. Outra característica da força nuclear é que ela não depende da carga, de modo que atua de forma distinta tanto em prótons quanto em nêutrons e a força de ligação é a mesma em ambas as partículas.

4.4 Estabilidade nuclear e radioatividade

Se for tomado um total de 2500 nuclídeos conhecidos, menos de 300 serão estáveis. Os demais formam estruturas instáveis, as quais sofrem decaimento ao emitir partículas e ondas eletromagnéticas, através de um processo chamado *radioatividade*. A escala de tempo de processos desse tipo varia desde uma pequena fração de microssegundos até bilhões de anos.

Existem quatro nuclídeos estáveis que apresentam simultaneamente valores ímpares de Z e N:

$${}^{2}_{1}H \quad {}^{6}_{3}Li \quad {}^{10}_{5}B \quad {}^{14}_{7}N$$

Esses nuclídeos são chamados de *nuclídeos ímpar-ímpar*. Pela ausência de outros nuclídeos ímpar-ímpar, há a indicação da influência da formação de pares. Observe também que não existe nenhum nuclídeo estável com número de massa $A = 5$, nem com $A = 8$. O núcleo com número mágico duplo ${}^{4}_{2}He$, que possui um par de prótons e um par de nêutrons, não tem o menor interesse em receber uma quinta partícula em sua estrutura nuclear, e as coleções com oito nuclídeos decaem e formam nuclídeos menores, com um núcleo de ${}^{8}_{4}Be$ se dividindo em dois núcleos de ${}^{4}_{2}He$.

Números mágicos referem-se quando o número de prótons ou o número de nêutrons é igual a 2, 8, 20, 28, 50, 82 ou 126. Ainda não foi observado o nuclídeo com $Z = 126$.

4.4.1 Decaimento alfa

A maior parte dos 2500 nuclídeos conhecidos (cerca de 90%) é *radioativa*. Significa que não são estáveis e decaem transformando-se em outros nuclídeos. Quando nuclídeos instáveis sofrem decaimentos, há emissão de partículas alfa (α) e partículas beta (β). Uma *partícula alfa* é um núcleo do ${}^{4}He$, com dois prótons e dois nêutrons unidos. A emissão de partícula alfa geralmente ocorre em núcleos pesados demais para serem estáveis. Quando em um núcleo há emissão de partícula alfa, os valores de Z e N diminuem de duas unidades e A diminui de quatro unidades.

Tomamos como exemplo quando um isótopo do urânio ^{238}U sofre um decaimento alfa. Nesse decaimento ele se transforma em ^{234}Th, um isótopo do tório, através da reação:

$$^{238}U \rightarrow {}^{234}Th + {}^{4}He$$

Observe que na reação anterior o urânio, ao emitir a partícula alfa, diminuiu seu número de massa de quatro unidades.

Outro exemplo de emissor de partícula alfa é o rádio $^{226}_{88}$Ra. A velocidade da partícula alfa emitida, a qual é determinada pelo raio de curvatura de sua trajetória descrita na região de um campo magnético transversal, é aproximadamente $1{,}52 \times 10^7 \frac{m}{s}$. Essa velocidade comparada à velocidade da luz é muito pequena, de modo que podemos usar a relação não relativística para a energia cinética, $K = \frac{1}{2}mv^2$. Sendo a massa $m = 6{,}64 \times 10^{-27}$ kg, obtemos:

$$K = \frac{1}{2}(6{,}64 \times 10^{-27})(1{,}52 \times 10^7)^2 = 7{,}7 \times 10^{-13} J = 4{,}8 \text{ MeV}$$

Alguns núcleos podem sofrer decaimento espontâneo pela emissão de partículas alfa porque elas liberam energia no decaimento alfa. Pela lei da conservação da massa-energia, pode ser mostrado que: *o decaimento alfa é possível quando a massa do átomo neutro original é maior que a soma das massas do átomo neutro final e da massa do átomo neutro do hélio 4.*

4.4.2 Decaimento beta

São conhecidos três tipos de *decaimento beta: beta negativo, beta positivo e a captura de elétrons*. Uma *partícula beta negativa* (β^-) é um elétron emitido por um núcleo, como na reação:

$$^{32}P \rightarrow {}^{32}S + e^- + \nu$$

O símbolo ν nessa reação representa um *neutrino*, uma partícula neutra, de massa nula ou muito pequena, a qual é emitida pelo núcleo juntamente com o elétron ou o pósitron no processo de decaimento.

Há também a antipartícula do neutrino, que é um *antineutrino*. Os neutrinos têm interação fraca com a matéria e são bem difíceis de serem detectados, pois sua presença passou despercebida por muito tempo.

4.4.3 Decaimento gama

O movimento interno do núcleo tem energia quantizada. Um núcleo típico apresenta um conjunto de níveis de energia, tendo um *estado fundamental* (estado de mais baixa energia) e vários *estados excitados*. Devido à grande intensidade da interação nuclear, as energias de excitação nuclear geralmente são da ordem de 1 MeV comparada com alguns eV para as energias dos níveis de energia atômicos. Quando ocorrem transformações físicas e químicas, os núcleos geralmente permanecem em seus respectivos estados fundamentais. Um núcleo atingindo um estado excitado, devido a colisões com partículas com energias elevadas ou mesmo em decorrência de uma transformação radioativa, pode decair para o estado fundamental por meio da emissão de fótons chamados de *fótons de raios gamas* ou, o mais comumente, chamados *raios gamas*, os quais possuem energias da ordem de 10 keV até 5 MeV. Esse é o processo chamado *decaimento gama* (γ).

Um exemplo que pode ser tomado ocorre com as partículas alfa emitidas pelo ^{226}Ra, que têm duas energias cinéticas possíveis, uma de 4,784 MeV e outra de 4,602 MeV. Ao incluir as energias de recuo do núcleo de ^{222}Rn resultante, as energias de ligação correspondentes são de 4,871 MeV e 4,685 MeV, respectivamente. Quando acontece a emissão da partícula alfa com a menor energia, o núcleo de ^{222}Rn passa para um estado excitado e decai para um estado fundamental, emitindo um raio gama com energia:

$$(4{,}871 - 4{,}685) \text{ MeV} = 0{,}186 \text{ MeV}$$

4.4.4 Decaimento radioativo

Os núcleos radioativos emitem espontaneamente uma ou mais partículas, transformando-se em outro nuclídeo. O decaimento radioativo surgiu como a primeira indicação de que as leis que predominam o mundo subatômico são estatísticas. Temos, então, um processo estatístico e não há como descobrir qual o núcleo que deve decair.

Vamos considerar como exemplo uma amostra de 1 mg de urânio. A amostra tem $2,5 \times 10^{18}$ átomos do rádio nuclídeo de longa vida de ^{235}U. Os átomos que estão presentes nessa amostra foram criados em supernovas, provavelmente bem antes da formação do sistema solar. Dos núcleos presentes nessa amostra, apenas 12 se desintegram, emitindo uma partícula alfa (núcleo do ^4He com dois prótons e dois nêutrons unidos, de spin total igual a zero) para se transformarem em núcleos de ^{234}Th. No entanto, não há como prever se um dado núcleo de uma amostra radioativa estará entre os que decairão no instante seguinte.

Muito embora não seja possível fazer a previsão de quais núcleos irão decair, podemos supor que, se uma amostra contém N núcleos radioativos, a taxa de decaimento desses núcleos, $-\dfrac{dN}{dt}$, é proporcional a N:

$$-\frac{dN}{dt} = \lambda N \qquad (4.4)$$

em que λ é a constante de decaimento, tendo valores diferentes para cada nuclídeo.

Observe na Equação (4.4) que a unidade de λ no sistema internacional é o inverso do segundo. O sinal negativo na derivada $-\dfrac{dN}{dt}$ significa que o número de núcleos radioativos diminui com o tempo. Para determinar o número de núcleos radioativos N em função do tempo t, separamos as variáveis N e t, escrevendo:

$$\frac{dN}{N} = -\lambda dt$$

para, em seguida, integrar ambos os membros, obtendo:

$$\int_{N_0}^{N} \frac{dN}{N} = -\lambda \int_{t_0}^{t} dt$$
$$\ln N - \ln N_0 = -\lambda(t - t_0) \qquad (4.5)$$

em que N_0 é o número de núcleos radioativos em um instante inicial arbitrário t_0. Como o instante inicial é arbitrário, podemos tomar $t_0 = 0$ na Equação (4.5), e, usando a propriedade da diferença de logaritmos, transformando no logaritmo de uma divisão, obtemos:

$$\ln \frac{N}{N_0} = -\lambda t \qquad (4.6)$$

Tomando a exponencial, obtemos:

$$\frac{N}{N_0} = e^{-\lambda t}$$

Ou então:

$$N = N_0 e^{-\lambda t} \tag{4.7}$$

A Equação (4.7) descreve o *decaimento radioativo*, em que N_0 é o número de núcleos radioativos em um instante $t_0 = 0$ e N é o número de núcleos radioativos que restam na amostra em um instante $t > 0$. Podemos também observar que a constante de decaimento λ pode ser interpretada como a *probabilidade por tempo* de que qualquer núcleo individual sofra decaimento.

O tempo de sobrevivência de um tipo particular de núcleos radioativos é tomado pela medida da *meia-vida* $T_{\frac{1}{2}}$, isto é, o tempo necessário para que o número de núcleos radioativos se reduza à metade do seu valor inicial, N_0. Para isso, fazemos $N = \frac{1}{2}N_0$ e $t = T_{\frac{1}{2}}$, obtendo a seguinte equação:

$$\frac{1}{2} = e^{-\lambda T_{\frac{1}{2}}} \tag{4.8}$$

Tomando o logaritmo em ambos os membros da equação anterior, podemos isolar $T_{\frac{1}{2}}$, obtendo:

$$T_{\frac{1}{2}} = \frac{\ln 2}{\lambda} = \frac{0{,}693}{\lambda} \tag{4.9}$$

Outra medida do tempo de sobrevivência de um tipo particular de radionuclídeo é a *vida média* τ, que é o tempo necessário para que N caia a $\frac{1}{e}$ do valor inicial. O tempo de vida média τ é proporcional à meia-vida $T_{\frac{1}{2}}$:

$$\tau = \frac{1}{\lambda} = \frac{T_{\frac{1}{2}}}{\ln 2} = \frac{T_{\frac{1}{2}}}{0{,}693} \tag{4.10}$$

A Equação (4.9) fornece a relação entre a vida média τ e a constante de decaimento λ e a meia-vida $T_{\frac{1}{2}}$.

Na física de partículas, o tempo de vida de uma partícula instável geralmente é descrito pela vida média e não pela meia-vida.

Normalmente estamos mais interessados na taxa de decaimento $R = -\dfrac{dN}{dt}$ que no valor de N. Se derivarmos em relação ao tempo a Equação (4.7), obtemos:

$$R = -\frac{dN}{dt} = -N_0 \frac{d}{dt}(e^{-\lambda t}) = \lambda N_0 e^{-\lambda t}$$

Ou,

$$R = R_0 e^{-\lambda t} \qquad (4.11)$$

É uma forma alternativa de descrevermos a lei do decaimento radioativo (Equação (4.7)). Na Equação (4.11), a constante R_0 é a taxa de decaimento no instante $t = 0$ e R é a taxa de decaimento em um instante arbitrário $t > 0$.

Podemos também escrever a Equação (4.4) em função da taxa de decaimento R da amostra:

$$R = \lambda N \qquad (4.12)$$

Nessa equação, R e N, que representam o número de núcleos radioativos que não decaíram, devem ser calculados ou medidos para o mesmo valor do tempo t.

A soma das taxas de decaimento R de todos os radionuclídeos que estão presentes em uma dada amostra é chamada de *atividade* da amostra. A unidade de atividade mais antiga e que continua a ser usada até o dia de hoje é o *curie*, abreviado por Ci, definido como igual a $3,7 \times 10^{10}$ decaimentos por segundo. Esta unidade é aproximadamente igual à atividade de um grama de rádio. A unidade de atividade no sistema internacional (SI) recebe o nome de *bequerel*, em homenagem a Henri Bequerel, o descobridor da radioatividade. Um bequerel (1 Bq) corresponde a um decaimento por segundo, logo:

1 curie = 1 Ci = $3,7 \times 10^{10}$ Bq = $3,7 \times 10^{10}$ decaimentos por segundo.

Como exemplo, vamos examinar a atividade do isótopo radioativo ^{57}Co. Esse isótopo decai por captura de elétron e tem meia-vida igual a 272 dias. a) Determine a vida média e a constante de decaimento. b) Suponha dispor de uma fonte de radiação que contenha ^{57}Co com uma atividade igual a 2,0 μCi, quantos núcleos radioativos tem essa fonte? c) Qual deve ser a atividade da sua fonte após um ano?

Solução:

a) Como $T_{\frac{1}{2}} = (272 \text{ dias})\left(86400 \dfrac{s}{\text{dia}}\right) = 2,35 \times 10^7 \text{ s}$, então substituímos este valor na expressão de $T_{\frac{1}{2}}$ dada pela Equação (4.10) para obtermos a vida média, ou seja:

$$\tau = \dfrac{T_{\frac{1}{2}}}{\ln 2} = \dfrac{2,35 \times 10^7 \text{ s}}{0,693} = 3,39 \times 10^7 \text{ s}$$

A constante de decaimento λ também pode ser determinada pela Equação (4.10):

$$\tau = \dfrac{1}{\lambda}$$

Substituindo o valor da vida média já obtido, temos:

$$\lambda = 2,95 \times 10^{-8} \text{ s}^{-1}$$

b) A atividade é expressa por $R = -\dfrac{dN}{dt}$. Como $R = 2,0$ μCi, então:

$$-\dfrac{dN}{dt} = 2,0 \, \mu\text{Ci} = 7,40 \times 10^4 \dfrac{\text{decaimentos}}{\text{s}}$$

Da Equação (4.4), $-\dfrac{dN}{dt} = \lambda N$, podemos obter a quantidade de núcleos radioativos *N*:

$$N = -\dfrac{1}{\lambda}\dfrac{dN}{dt} = \dfrac{7,40 \times 10^4 \text{ s}^{-1}}{2,95 \times 10^{-8} \text{ s}^{-1}} = 2,51 \times 10^{12} \text{ núcleos}$$

c) Para determinarmos a atividade após 1 ano, ou seja, após $3,156 \times 10^7$ s, usamos a expressão $N = N_0 e^{-\lambda t}$. Daí:

$$N = N_0 e^{-(2,95 \times 10^{-8} \text{ s}^{-1})(3,156 \times 10^7 \text{ s})} = 0,394 \, N_0$$

O número de núcleos em relação ao número de núcleos original diminui de 0,394. A atividade é proporcional ao número de núcleos; logo a atividade diminui de:

$$(0,394)(2,0\mu Ci) = 0,788\mu Ci$$

4.4.5 Datação radioativa

Conhecendo-se a meia-vida de um rádio-nuclídeo, podemos usar o decaimento como um tipo de relógio para medir intervalos de tempo. Nesse sentido, podemos usar o decaimento de nuclídeos de meia-vida longa para determinar a idade das rochas, isto é, o tempo que levaram suas formações.

Entre as aplicações da radioatividade, podemos citar como uma das mais importantes a que consiste na datação de amostras arqueológicas e geológicas que tomam como base a concentração de isótopos radioativos. O exemplo mais familiar é a *datação do carbono*. Nesse caso, tomamos o isótopo instável ^{14}C, produzido por reações nucleares que ocorrem na atmosfera pelo choque dos raios cósmicos com átomos de nitrogênio no ar. Esse radiocarbono se mistura com o carbono do CO_2 existente na atmosfera de tal forma que há aproximadamente um átomo de carbono para cada 10^{13} átomos de ^{12}C, o isótopo mais abundante na natureza, que é estável. Devido às atividades biológicas, como a fotossíntese e a respiração, há uma troca aleatória de lugar dos átomos de carbono presentes na atmosfera com os átomos de carbono presentes em todos os seres vivos. Isso faz com que a fração de átomos de ^{14}C presente nos seres vivos seja a mesma que na atmosfera. Quando ocorre a morte de uma planta, ela deixa de absorver carbono e seu teor de ^{14}C sofre decaimento β^-, transformando-se em ^{14}N, com meia-vida igual a 5730 anos. Quando se faz a medida da proporção de ^{14}C dos núcleos restantes, podemos determinar em que ano o organismo morreu.

Dessa forma é que foram datados manuscritos do Mar Morto. A idade deles foi determinada a partir da análise de uma amostra do tecido, usado para selar um dos vasos encontrados contendo os manuscritos.

4.4.6 Radiação no lar

O acúmulo de ^{222}Rn (radônio com número de massa 222) de um gás inerte, incolor e inodoro nas residências constitui um grande risco em algumas áreas. Quando se examina a série de decaimentos do ^{238}U, a meia-vida do ^{222}Rn é de 3,82 dias. Então, por que não basta ficar fora de casa durante alguns dias e esperar que ele decaia? A resposta a essa pergunta é que o ^{222}Rn é produzido de forma contínua pelo decaimento do ^{226}Ra, o qual se encontra em quantidades bem pequenas nas rochas e no solo sobre o qual a casa é construída. Tem-se uma situação de equilíbrio dinâmico, em que a taxa de produção é igual à taxa do decaimento. A explicação para o fato do ^{222}Rn apresentar maior risco do que os outros elementos da série de decaimentos do ^{238}U é que ele é um gás. Durante sua meia-vida de 3,82 dias, ele pode migrar do solo para o interior da casa. Um núcleo de ^{222}Rn decaindo no interior de seus pulmões irá emitir uma perigosa partícula α, que produz o núcleo-filho ^{218}Po, o qual *não* é quimicamente inerte, tendendo permanecer no interior de seus pulmões até sofrer decaimento e novamente emitindo outra partícula α perigosa, e assim sucessivamente até o final da série do ^{238}U.

Para se ter uma ideia de qual é a ordem de grandeza do risco do radônio, alguns estudos indicam uma atividade de até 3500 pCi/L. A atividade média do ^{222}Rn por volume de ar no interior de uma casa nos Estados Unidos é aproximadamente igual a 1,5 pCi/L, isto é, um pouco mais que mil decaimentos por segundo em uma sala com volume médio.

Caso você viesse a viver em um ambiente exposto a esse nível, sua expectativa de vida se reduziria em torno de 40 dias. Uma comparação com essa situação seria se você fumasse um maço de cigarros por dia, sua expectativa de vida, nesse caso, se reduziria cerca de seis anos, já no caso de emissão média de todas as usinas nucleares no planeta, sua expectativa de vida seria reduzida de 0,01 até cinco dias. Essas estimativas aí citadas incluem catástrofes como a que ocorreu em Chernobyl em 1986.

4.5 Efeitos biológicos da radiação

Discutiremos brevemente os efeitos da radiação no contexto geral em que incluímos a radioatividade (alfa, beta, gama e nêutrons) e as ondas eletromagnéticas, como os raios X. Essas partículas, passando através da matéria, perdem energia, quebrando ligações moleculares e produzindo íons. Essa é a origem da expressão *radiação ionizante*. Os raios X e gama (γ) interagem através do efeito fotoelétrico, em que um elétron absorve um fóton podendo se deslocar de sua posição ou através do efeito Compton. Já os nêutrons produzem ionização de forma indireta por meio de colisões com os núcleos ou quando são absorvidos por eles, seguida de decaimento radioativo do núcleo resultante.

Trata-se de interações bem complexas, pois temos conhecimento que exposições excessivas como à luz solar, aos raios X e a todas as radiações nucleares podem destruir os tecidos. Nos casos mais simples, podem produzir queimaduras, como ocorre na exposição à luz solar. Uma exposição mais prolongada pode produzir doenças graves e até mesmo a morte devido a vários mecanismos.

4.5.1 Dosimetria das radiações

A dosimetria das radiações trata de uma medida da dose de radiação (energia fornecida por unidade de massa) realmente absorvida por um objeto específico, como a mão ou o peito de um paciente. Ou seja, a dosimetria das radiações fornece de forma quantitativa uma descrição dos efeitos da radiação sobre tecidos vivos. A unidade de dose absorvida no SI é o Gray (Gy), que equivale a 1 joule/kg (1 J/kg). A unidade mais antiga e de uso comum é o rad, definida como 0,01 J/kg:

$$1\,\text{rad} = 0,01\,\frac{J}{kg} = 0,01\,\text{Gy}$$

A dose absorvida não é uma medida adequada para os estudos dos efeitos biológicos, pois energias iguais de diferentes fontes radioativas produzem diferentes efeitos biológicos. Tomando como exemplo dois tipos de radiação, como raios gama e nêutrons, que fornecem a mesma quantidade de energia a um ser vivo, os efeitos biológicos podem ser distintos. Essas variações são descritas por um fator numérico chamado de *eficácia biológica radioativa* (RBE), também chamado de *fator de qualidade* (QF) de cada radiação específica. No caso de raios X, raios gama e elétrons, RBE = 1; para nêutrons lentos, RBE = 5; para partículas alfa, RBE = 10; etc.

O efeito biológico da radiação é descrito pelo produto da dose absorvida pela RBE da radiação, sendo essa grandeza chamada de *dose biológica equivalente*, ou simplesmente de *dose equivalente*. A unidade de dose equivalente no SI é o sievert (Sv).

Dose equivalente (Sv) RBE × dose absorvida (Gy)

Uma unidade mais antiga é o rem, e até hoje é usada.

Dose equivalente (rem) RBE × dose absorvida (rad)

Logo, uma unidade de RBE é $1\,\frac{Sv}{Gy}$ ou $1\,\frac{rem}{rad}$ e 1 rem = 0,01 Sv.

4.5.2 Riscos da radiação

Vamos aqui apresentar alguns números para que possamos fazer comparações. Quando for feita a conversão Sv para rem, multiplicamos por 100. Geralmente um exame de raios X do tórax irradia de 0,20 a 0,40 mSv para aproximadamente 5 kg de tecido. Se o corpo todo receber uma dose de até 0,20 Sv, não ocorrerá nenhum efeito imediato. Caso o corpo receba uma dose de cerca de 5 Sv ou mais em um período curto, é bem provável que a pessoa morrerá dentro de alguns dias ou semanas.

As leis nos Estados Unidos com respeito à exposição à radiação permitem a uma exposição *anual* máxima da ordem de 2 a 5 mSv, de todas as fontes, exceto as naturais. Aos profissionais que trabalham com fontes de radiação, a exposição máxima é de 50 mSv por ano. Ao usar exames de raios X para diagnóstico médico, é preciso ter cautela na avaliação de riscos comparados aos benefícios.

4.5.3 Benefícios da radiação

O uso da radiação tem muitas aplicações na medicina para destruição de tecidos de tumores. Sempre há riscos, mas quando a doença é fatal e sem tratamento, o risco tem que ser levado em conta. A Medicina Nuclear é um campo que está em expansão. Os isótopos radioativos têm de forma virtual o mesmo comportamento químico dos isótopos estáveis do mesmo elemento. A localização dos isótopos radioativos pode ser realizada por meio de medidas da radiação que eles emitem. Um exemplo é o uso do iodo radioativo em estudos da tireoide. Quase todo o iodo ingerido é armazenado ou eliminado na tireoide e as reações químicas do corpo não conseguem distinguir o isótopo instável ^{131}I e o isótopo estável ^{127}I. Quando é injetada no paciente uma pequena quantidade de ^{131}I, a velocidade com a qual ela fica concentrada na tireoide proporciona uma medida da função da tireoide. A meia-vida é de 8,02 dias, de modo que não haverá risco de uma radiação de longa duração.

Com o uso de detectores com varreduras mais sofisticadas, pode-se obter uma "imagem" da tireoide capaz de mostrar inflamações e possíveis anormalidades. Esse procedimento é um tipo de *autorradiografia*, é análogo a fotografar o filamento de uma lâmpada usando a luz emitida do próprio filamento. No caso desse processo descobrir um nódulo de câncer, é possível destruí-lo injetando maiores quantidades de ^{131}I.

Há muitos efeitos úteis diretos da radiação, por exemplo o fortalecimento de polímeros com ligação cruzada, a esterilização de instrumentos cirúrgicos, a dispersão no ar da eletrostática não desejada e a ionização intencional do ar em detectores de fumaça. Também os raios gama possuem utilidades na esterilização de certos produtos alimentícios.

4.6 Reações nucleares

Faremos uma breve discussão sobre reações nucleares. Em 1919, Rutherford sugeriu que uma partícula de massa elevada e com energia cinética suficiente seria capaz de penetrar no interior de um núcleo. O resultado levaria a um núcleo com número de massa mais elevado ou, então, um decaimento do núcleo original. Rutherford efetuou um bombardeamento de nitrogênio (^{14}N) com partículas α e obteve um núcleo de oxigênio (^{17}O) e um próton:

$$^{4}_{2}He + ^{14}_{7}N \rightarrow ^{17}_{8}O + ^{1}_{1}H \tag{4.13}$$

Ele utilizou partículas alfa oriundas de fontes radioativas naturais.

Uma reação nuclear deve obedecer a diversas *leis de conservação*. Em qualquer reação nuclear, são seguidas as leis de conservação da carga, do momento linear, do momento angular e da energia (incluindo a energia de repouso).

Quando há interação de dois núcleos, a conservação da carga exige que a soma dos números atômicos antes da interação deve ser igual à soma dos números atômicos após a interação. Em razão da lei da conservação do número de núcleons, a soma dos números de massa antes da reação é igual à soma dos números de massa após a reação. Como a colisão envolvida *não* é elástica, a massa total inicial não é igual à massa total final.

4.6.1 Energia da Reação

A energia da reação é expressa pela diferença de massa antes e após a reação, obtida de acordo com a relação massa-energia $E = mc^2$. Considere as partículas iniciais A e B interagindo entre si com formação das partículas C e D. A *energia da reação Q* é definida pela equação:

$$Q = (M_A + M_B - M_C - M_D)c^2 \tag{4.14}$$

Para levar em conta a contribuição dos elétrons, devemos usar as massas dos átomos neutros na Equação (4.14). Ou seja, aplicamos a massa do $^{1}_{1}H$ para um próton, a massa do $^{4}_{2}He$ para uma partícula alfa, e assim sucessivamente. Quando Q é positivo, a massa total diminui e a energia cinética aumenta. Essa reação é chamada de *reação exoenergética*. Quando Q é negativo, a massa total aumenta e a energia cinética diminui. Tal reação é chamada de *reação endotérmica*.

4.7 Fissão nuclear

A *fissão nuclear*, descoberta em 1938, é um processo de decaimento no qual um núcleo instável é dividido em dois fragmentos de massas comparáveis.

Em um evento de fissão do ^{235}U, um núcleo de ^{235}U absorve um nêutron, produzindo um núcleo composto, ^{236}U, em um estado altamente excitado. Este é o núcleo que sofre o processo de fissão, subdividindo-se em dois fragmentos. Esses fragmentos emitem imediatamente dois ou mais nêutrons, dando origem a fragmentos de fissão como o ^{140}Xe ($Z = 54$) e o ^{94}Sr ($Z = 38$). Dessa forma, a equação geral para este evento é:

$$^{235}U + n \rightarrow\ ^{236}U \rightarrow\ ^{140}Xe +\ ^{94}Sr + 2n \tag{4.15}$$

Nessa equação os fragmentos de ^{140}Xe e ^{94}Sr são altamente instáveis e sofrem vários decaimentos beta até que o produto do decaimento seja estável.

A energia liberada pela fissão de um nuclídeo pesado pode ser estimada calculando a energia de ligação do núcleon ΔE_{eln} antes e após a fissão. Para que a fissão seja possível, é necessário que a energia de repouso total diminua. Isso significa que ΔE_{eln} deve ser *maior* após a fissão. A energia Q liberada pela fissão é dada por:

Q = (energia de ligação total final) − (energia de ligação inicial)

Vamos supor, para nossa estimativa, que a fissão transforma o núcleo pesado em dois núcleons de massa intermediária com o mesmo número de nêutrons. Nessa situação,

$$Q = \left(\Delta E_{eln} \text{final}\right)\left(\text{número final de núcleons}\right) - \left(\Delta E_{eln} \text{inicial}\right)\left(\text{número inicial de núcleons}\right)$$

Seja o caso dos nuclídeos pesados ($A \approx 240$), a energia de ligação por núcleo é da ordem de 7,6 MeV/núcleon. No caso dos nuclídeos de massa intermediária ($A \approx 120$), esta energia é da ordem de 8,5 MeV/núcleon. Dessa forma, a energia liberada pela fissão de um nuclídeo pesado em dois nuclídeos de massa intermediária é:

$$Q = \left(8,5 \frac{\text{MeV}}{\text{núcleon}}\right)(2 \text{ núcleos})\left(120 \frac{\text{núcleons}}{\text{núcleo}}\right) - \left(7,6 \frac{\text{MeV}}{\text{núcleon}}\right)(240 \text{ núcleons})$$

$= 200$ MeV

4.8 Exercícios resolvidos e propostos

a) Determine a meia-vida de uma amostra de 6,13 g de um isótopo com número de massa de 124 que decai a uma taxa de 0,350 Ci.

Solução:

A meia-vida é expressa pela Equação (4.9), $T_{\frac{1}{2}} = \frac{\ln 2}{\lambda} = \frac{0,693}{\lambda}$. A massa de um núcleo é $124 m_p = 124 \times 1,67 \times 10^{-27}$ kg $= 2,07 \times 10^{-25}$ kg.

Como $\left|\frac{dN}{dt}\right| = 0,350$ Ci $= 1,30 \times 10^{10}$ Bq e $N = \frac{6,13 \times 10^{-3} \text{ kg}}{2,07 \times 10^{-25} \text{ kg}} = 2,96 \times 10^{22}$,

usando a Equação (4.4), podemos obter:

$$\lambda = \frac{\left|\frac{dN}{dt}\right|}{N} = \frac{1,30 \times 10^{10} \text{ Bq}}{2,96 \times 10^{22}} = 4,39 \times 10^{-13} \text{ s}^{-1}$$

Substituindo o valor de λ, obtemos a meia-vida:

$$T_{\frac{1}{2}} = \frac{\ln 2}{\lambda} = 1,58 \times 10^{12} \text{ s}$$

Converta a meia-vida em anos e observe o seu resultado.

b) Um paciente com fratura na perna é submetido a um diagnóstico com raios X. Durante o diagnóstico, uma parte de 1,2 kg da perna quebrada recebe uma dose de 0,40 mSv. Qual é a dose equivalente em mrem? Sendo a RBE (eficácia biológica relativa) para raios X igual a $1\frac{\text{rem}}{\text{rad}}$ ou $1\frac{\text{Sv}}{\text{Gy}}$, qual é a dose absorvida em mrad e mGy? Sendo a energia dos raios X igual a 50 KeV, quantos fótons de raios X são absorvidos em joules e em eV?

Dica: O número de fótons de raios X absorvidos é a razão da energia total absorvida/energia dos raios X.

c) O isótopo instável ^{40}K é utilizado para efetuar a datação de amostras de rocha. Seja $1{,}28 \times 10^9$ anos sua meia-vida, determinar: 1) quantos decaimentos ocorrem por segundo em uma amostra contendo $1{,}63 \times 10^{-6}$g de ^{40}K; 2) a atividade da amostra em curies.

d) A meia-vida do nuclídeo radioativo ^{199}Pt é de 30,8 minutos. Uma dada amostra é preparada com uma atividade inicial igual a $7{,}56 \times 10^{11} \dfrac{\text{decaimentos}}{\text{segundos}}$. 1) Quantos núcleos de ^{199}Pt estão inicialmente presentes na amostra? 2) Quantos estarão presentes depois de 30,8 minutos? 3) Qual é a atividade da amostra nesse instante?

4.9 Considerações finais

Nesta Unidade fizemos uma abordagem de tópicos importantes de Física Nuclear, como taxa de decaimento de núcleos, decaimentos radioativos, efeitos biológicos da radiação, fissão nuclear, radiação no lar, riscos e benefícios da radiação, entre outros. Apresentamos a solução de alguns exercícios referentes ao conteúdo da Unidade e propusemos três problemas relacionados aos temas aqui tratados.

4.10 Estudos complementares

Contribuição ao estudo da radiação solar. Disponível em: <http://www.revistas.ufg.br/index.php/pat/article/viewFile/2423/2387>.

Informações sobre a radiação, seus efeitos, meios de proteção e controle de qualidade. Disponível em: <http://www.nuclear.radiologia.nom.br>.

Conceitos básicos sobre radioatividade. Disponível em: <http://www.ipen.br/conteudo/upload/200908271452370.Aula%201.pdf>.

REFERÊNCIAS BIBLIOGRÁFICAS

HALLIDAY, D.; RESNICK, R. *Fundamentos de Física*: óptica e física moderna. São Paulo: LTC, 2009. v. 4.

HEWITT, P. G. *Física conceitual*. Porto Alegre: Bookman, 2002.

NUSSENZVEIG, H. M. *Curso de Física Básica 4*. São Paulo: Edgard Blucher, 2004.

SEARS, F.; ZEMANSKY, M. V.; YOUNG, H. D.; FREEDMAN, R. A. *Física IV*. 12. ed. São Paulo: Pearson Education, 2005.

SERWAY, R. A. *Física Moderna, Relatividade, Física Atômica e Molecular*. 3. ed. Rio de Janeiro: LTC, 1992.

TIPLER, P. A.; MOSCA, G. *Física*. Rio de Janeiro: LTC, 2006. v. 2.

SOBRE OS AUTORES

Hamilton Viana da Silveira

Formação acadêmica: Licenciado em Física pela Universidade Federal de São Carlos (UFSCar), Mestre em Ciências pelo Instituto de Física Teórica da Universidade Estadual Paulista Júlio de Mesquita Filho (Unesp), Doutor em Ciências pelo Instituto de Física Gleb Wataghin da Universidade Estadual de Campinas (Unicamp), Pós-Doutoramento: Department of Physics and Astronomy, Northwestern University, Evanston, IL, USA.

Experiência Profissional e Docente: Docente do Departamento de Física da UFSCar desde fevereiro de 1977.

Área de Ensino: Física Básica no ensino presencial e no Ensino a Distância – Introdução à Física para Engenharia Ambiental 1 e Física 3.

Área de Pesquisa: Física da Matéria Condensada.

Extensão: Coordenador do Projeto Contribuinte da Cultura, Presidente da Comissão Organizadora do II, III e IV Simpósio Brasileiro de Engenharia Física.

Fernando Andrés Londoño Badillo

Formação acadêmica: Engenheiro Físico pela Universidade del Cauca, Colômbia, 2004. Especialista em Docência Universitária pela Universidad del Cauca, Colômbia, 2003. Mestre em Física pelo programa de Pós-Graduação em Física da UFSCar em 2006 na área de Cerâmicas Ferroelétricas Transparentes. Doutor em Ciências pelo programa de Pós-Graduação em Física da UFSCar, na área de Cerâmicas Ferroelétricas Transparentes. Atua como tutor virtual na Educação a Distância da UFSCar nas disciplinas de Fundamentos de Física para Engenharia Ambiental I e de Física 3.

Experiência docente: Tutor das disciplinas Fundamentos de Física para Engenharia Ambiental I em 2008 e 2009 e de Física 3 no período 2009/2010. Docente voluntário do Departamento de Física da UFSCar desde março de 2011.

Este livro foi impresso em outubro de 2011 pelo Departamento de Produção Gráfica - UFSCar.